每日甜点

日本主妇之友社 ◆ 编著

马金娥 ◆ 译

U0298877

中国民族摄影艺术出版社

前　言

可保存的甜点，顾名思义是指可以存放一段时间，做一次就可以吃很多天的食品。

哪怕只有一样自己亲手做的甜点，也能让幸福感爆棚，为生活带来一份悠闲。有时间的时候可以提前做好，这样平常我们就能很方便地把这些甜点拿来当作茶点，或者当作小礼物送给别人，聚餐时也可以带去和朋友一起分享。传统的可长期保存的食品（腌制食品、风干食品），保存的时间越长，味道也越好。您可以将这些食品存放在自己中意的玻璃罐等容器里，这样既可以增加食物的风味，又可以为日常生活增添一份趣味。

一般的食谱书大都会介绍饼干、蛋糕、冷甜点、粗粮点心、不甜的点心等糕点的制作方法，而本书的独特之处就在于把可存放甜点带来的乐趣介绍给大家。

只要有方盘或其他容器，制作和保存就可以一步完成。您可以将制作好的甜点直接摆在餐桌上，吃的时候再从容器里取出来就可以了。

为了让读者吃到美味安心的食物，本书在介绍每款甜点时，都附带了有关制作和存放方法的"小贴士"。此外，本书还详细列出了各种具有新意的包装方法，以及如何利用身边常见的瓶瓶罐罐来存放甜点的方法。

亲手制作甜点最吸引人的地方就在于其本身淳朴的甜味以及无添加的特点。与市场上销售的点心和甜品店里的蛋糕不同，自己亲手制作的甜点有一种无与伦比的柔和之味。

我们都希望既可以尽情享受甜点，又能够保持健康。尤其是孩子们几乎每天都离不开甜点，所以我更希望他们能吃着对身体好且富有季节感的甜点健康成长。为了达成以上目的，您一定要拥有这本"可保存的甜点"。

在橱柜和冰箱里常备这些甜点，慢慢体会这些"珍藏"给您带来的幸福吧。

目录

第一章
巧用保存容器　享受四季甜点

专栏 1

第二章
可以长期保存的自制甜点

专栏 2

第三章
利用周末提前做好的甜点

阅读本书的方法

●本书配方中使用的材料都是适当的分量，做起来比较容易。保存容器和烘焙模具的尺寸有些也标注出了参考尺寸。

●如未特别注明，菜谱中使用的蔬菜水果会直接略去清洗、去皮等基本步骤。

●原则上应使用氟化树脂的不粘煎锅。

●如无特别说明，制作过程中的火候应以中火为宜。

●小勺为5mL，大勺为15mL，1杯为200mL。

●如无特别说明，加热时间以600W的微波炉为参考标准。如果使用的是500W的微波炉，加热时间应为书中给出时间的1.2倍。当然不同的机型多少都会有些差异，具体加热时间请酌情而定。

●如书中标明要预热烤箱，请提前开启烤箱，使烤箱达到指定的温度。

●砂糖（上白糖）可以用细砂糖来替代。有盐黄油可以用黄油和1撮盐来替代。

●每份食谱中都对保存方法和保存期限进行了说明。但这里所说的保存期限只是一个参考标准，读者还要根据食物具体的存放状态来判断其食用期限。尤其是夏天的时候，最好尽早吃掉做好的甜点。此外，由于携带过程中甜点很容易变形，如果想带便当或在聚餐时享用需冷藏的甜点，一定不要忘了使用保冷剂。

第一章

巧用保存容器
享受四季甜点

有些保存容器既可以当点心的制作模具，又可以存放甜点，做好后还可以直接摆上餐桌。

将甜点提前做好，就可以吃上一段时间。如果在制作甜点的过程中需要使用模具，也可以选择合适的保存容器来代替模具，这样做好后可直接封盖保存，非常便捷。

接下来就让我们来学习如何制作加入应季水果的甜点和节日糕点吧！

豆浆蜂蜜蛋糕

材料（图片中保存容器的尺寸为 23cm×16cm×7cm）

高筋面粉（或低筋面粉）……………………… 80g
鸡蛋……………………………………………… 2 个
蛋黄……………………………………………… 1 个
豆浆……………………………………………… 40mL
砂糖……………………………………………… 80g
蜂蜜……………………………………………… 30g
色拉油………………………………………… 1 大勺

※ 用高筋面粉做的蛋糕坯比低筋面粉做的更容易保持蓬松。

制作方法

1　先将鸡蛋打入碗中，再倒入蛋黄和砂糖，然后用电动打蛋器仔细打发蛋液。

2　把蜂蜜和豆浆加入小锅中加热，当加热到和体温差不多时关火，然后将蜂蜜豆浆倒入 1 中，再用打蛋器搅拌。

3　撒入高筋面粉，打发到可以用打蛋器舀起的状态即可，再加入色拉油，用硅胶刮刀搅拌均匀。

4　将 3 倒入垫了两层烘焙纸的保存容器（盘子或烘焙模具也可以）中，抹平表面。然后将其与两锡箔纸杯水一起放在烤盘上，放入预热到 160℃的烤箱中烤 40 分钟。

5　烤制完成后将容器中的蛋糕倒扣在烘焙纸上，取下容器（烘焙模具），再直接给蛋糕盖上保鲜膜使之自然冷却。

要点 1
首先沿着容器的底边将烘焙纸压出折痕，然后依照折痕在四个角处相对剪出四道开口，再将烘焙纸铺到容器里整理好。铺上两层烘焙纸可以防止蛋糕糊渗出。

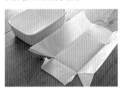

要点 2
烤制出松软蛋糕的关键在于打发是否充分。打发过程中举起打蛋器，蛋液形成稳定的三角形并且不流下来就可以了。打发过程中如果有电动打蛋器就能事半功倍了。

带有蜂蜜淡淡甜味的松软蛋糕让人垂涎欲滴。

小贴士

为了能够更好地保持蛋糕松软细腻的口感，待蛋糕放凉后立即剥下烘焙纸并用保鲜膜将整个蛋糕包上，然后将蛋糕放到密闭容器中保存，放的过程中注意不要弄坏蛋糕。另外也可以将蛋糕切成小块并用保鲜膜包住后再保存。吃的时候只需用微波炉稍微加热一下，即可享受到松松软软的蛋糕。

常温
5天

冷藏
1周

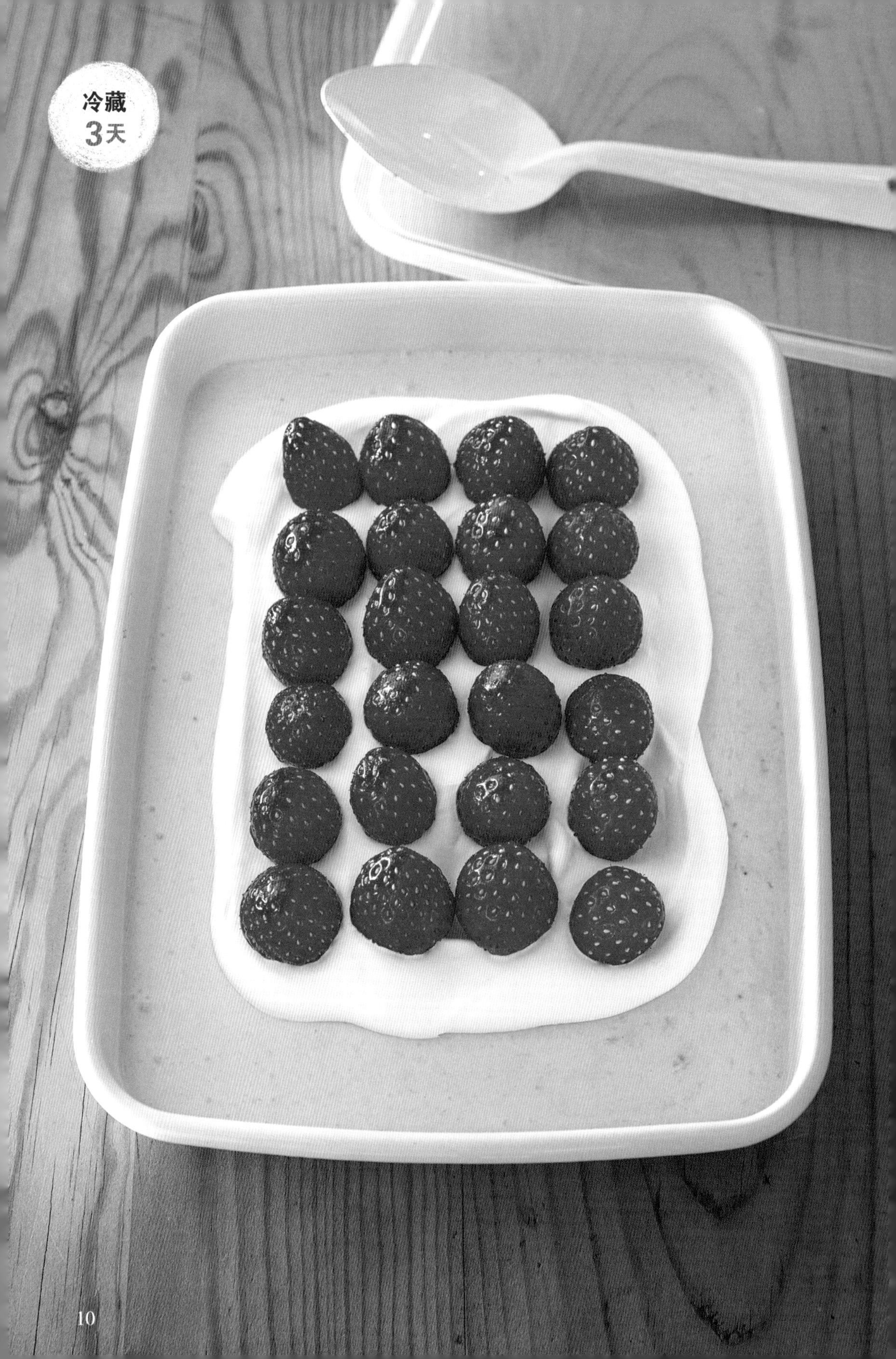
冷藏
3天

草莓巴伐利亚奶冻

材料（图片中保存容器的尺寸为25cm×19cm×5cm）

草莓	300g
鲜奶油	170mL
牛奶	40mL
砂糖	85g
明胶粉	7g
装饰用小草莓	24颗
装饰用鲜奶油	80mL

制作方法

1 在小的器皿里倒入20mL的水，撒入明胶粉浸泡5分钟。

2 将草莓洗净并控干水分，去掉草莓蒂后将草莓放进碗里，用叉子将草莓捣碎（也可以用食品调理机或搅拌机将草莓打成果酱）。再放入砂糖并继续搅拌使糖化开。

3 用小锅加热牛奶，加热至有热气冒出时将火关掉，把1倒入牛奶中并用锅铲搅拌至明胶粉化开。将少许2倒入锅中搅拌均匀，再把锅里的东西和剩下的2全部倒入碗中并搅拌均匀。把碗底坐到冰水里继续搅拌，待牛奶变凉后放到冰箱里冷藏一会儿。

4 在另一个碗里倒入鲜奶油，将鲜奶油打到八分发（参考p.121），打发时将碗底坐入冰水里。把打发好的鲜奶油倒入3中并搅拌均匀，然后将混合物倒入容器中并将表面抹平，最后放入冰箱里冷藏2小时。

5 可以按照喜好将1小勺糖加入装饰用的鲜奶油中，然后打到六分发。最后将打发奶油和草莓装饰到4上即可。

舀起满满1勺的奶油和草莓来享用。

小贴士
做好后如果不是马上吃，可以将装饰用的草莓和奶油放到单独的容器里冷藏，等要吃的时候再摆上，以保持新鲜的食感。

水果干曲奇

材料（直径 5cm 的曲奇 20 个的量）

低筋面粉······················ 50g
泡打粉························· 1/2 小勺
燕麦片························· 80g
砂糖··························· 40g
蜂蜜··························· 1 大勺
黄油（无盐）················· 50g
自己喜欢的水果干（图片中为蔓越莓干）
······························· 30g

制作方法

1 将低筋面粉和泡打粉放在一起过筛。把烘焙纸铺在烤盘上。

2 将黄油、砂糖和蜂蜜放入较厚的锅中，用小火加热，同时用耐热的硅胶刮刀或木铲搅拌均匀。一边搅拌一边将黄油煮化，注意不要烧焦，煮化后将火关掉。

3 待余温退去后，将燕麦片、筛过的面粉和水果干倒入 2 中并搅拌均匀。

4 用小勺（1 满勺）将面糊舀在 1 的烤盘上，每个面糊间要保持适当的间隔，再将面糊压成圆形。

5 将烤盘放入预热到 180℃的烤箱中烤 15 分钟左右，烤制完成后将曲奇放到冷却网或其他地方放凉。

要点
烤制时曲奇会向外膨胀，所以将面糊放在烤盘上的时候，间距要稍微留大一些，烤制前用手指按压使面糊呈圆形。

小贴士
烤好后，要等到曲奇完全冷却再将曲奇和食品干燥剂一起放入容器或饼干罐里密封保存。

常温
5天

草莓果酱

冷藏
3周

冷藏
2周

冷藏
3周

牛奶酱

甜橙果酱

14

自制果酱

草莓果酱

材料（适量）

草莓……………………………………… 300g
柠檬汁…………………………………… 1大勺
砂糖……………………………………… 100g

制作方法

1 草莓洗净，去掉果蒂，控干水分后将每颗草莓切成4等份。
2 将砂糖均匀地撒在草莓上，再用手拌匀，然后静置3小时。
3 将草莓倒入锅中，加入柠檬汁，再加热至黏稠。用锅铲铲锅底，如果只露出少许锅底，说明果酱已经非常黏稠，可以关火了。

牛奶酱

材料（适量）

牛奶………………………………………300mL
鲜奶油……………………………………100mL
砂糖……………………………………… 100g

制作方法

将所有材料都倒入锅中，一边搅拌一边加热至黏稠，用小火煮30分钟。

甜橙果酱

材料（适量）

国产脐橙或者甜橙（按自己的喜好）……… 400g
砂糖……………………… 240g（甜橙的3/5）

制作方法

1 将甜橙切成8等份，剥去橙皮。把橙皮削薄并切成细丝，果肉也切成细丁。取切碎的果肉和果皮共400g（先分开盛放），用砂糖腌渍果肉。
2 锅里多放些水，将切成细丝的果皮放到锅里煮。煮开后用笊篱将果皮捞出来，然后锅里换上新鲜的水将果皮再煮一遍。如果使用的是比较涩的橙子，则需要焯3次去除苦味，比较不涩的橙子焯2次就可以了。
3 将焯过的果皮和橙子籽放进锅里煮至果皮变软，锅里的水要没过果皮一段。
4 捞出橙皮和橙子籽，把1中的果肉倒入锅中，一边搅拌一边用中火煮。煮至黏稠后将火关掉。

※ 当使用酸橙或偏苦的柑橘为原料时，腌制果肉的砂糖使用量要相当于果皮和果肉总量的4/5。

小贴士
将果酱装入煮沸消毒后的瓶罐里，趁热盖上盖子，放凉后将果酱放入冰箱保存。用这样的方法保存，果酱在未开封的状态下可以保存半年。

包装方法
只需用彩绳系住盖在果酱罐上的蕾丝垫纸，就可将其变身为一份可爱的小礼物。

蛋挞

材料（12个直径约5cm的锡箔蛋挞模）

冷冻派皮………直径20cm的1张
搅匀的蛋液………1½个鸡蛋的量
牛奶…………………………300mL
低筋面粉……………………15g
砂糖…………………………60g

冷冻派皮
➡p.120

制作方法

1 将派皮放在室温下解冻，派皮变软后将其卷成一卷，然后用保鲜膜包起来放入冰箱冷藏15分钟。

2 将派皮卷切成1cm长的小段，切面朝下，用擀面杖将每小段都擀成直径为8cm的圆形面皮，再将面皮铺在锡箔纸蛋挞模里，然后用保鲜膜将蛋挞模包上后，再次放入冰箱冷藏1小时。

3 将低筋面粉和砂糖放入碗中，加入搅匀的蛋液后用打蛋器搅拌，再加入牛奶搅匀。

4 将3倒入蛋挞模中，再连同蛋挞模一起放入预热到200℃的烤箱中烤15分钟。烤完后将蛋挞从蛋挞模中取出并放到冷却网上冷却。

要点
将卷成卷的派皮切成1cm长的小段，然后用擀面杖将面团擀成圆形并将其铺在蛋挞模里。重点在于在擀面团之前要将派皮放在冰箱里冷藏一段时间。

小贴士
待蛋挞完全放凉后再装进保存容器或食品袋里，然后放入冰箱冷藏。想吃的时候也可以用面包机稍微热一下。

草莓蛋白酥

材料（约30个的量）

蛋白液……………… 40g
细砂糖……………… 50g
草莓粉……………… 5g

制作方法

1 将蛋白液倒入碗中，加入少许细砂糖后打发。当蛋白液呈白色且有松软的泡沫时，再将剩下的细砂糖分4次放进蛋白中，每放一次都需要进行打发。然后用电动打蛋器的低速挡搅拌5分钟左右，使糖完全化开。打发至表面没有粗糙感，变成光滑细腻的蛋白霜即可。

2 加入草莓粉并用硅胶刮刀搅拌均匀，然后将其装入带有金属裱花嘴的裱花袋中，将烘焙纸铺在烤盘上，然后将直径为2cm的蛋白霜挤在烘焙纸上。

3 把烤盘放入预热到100℃的烤箱中烤1小时30分钟左右，注意不要烤糊。

※ 裱花袋的裱花嘴有圆形、星形等花型，可以根据自己的喜好来选择。

注释
草莓粉
与食用红色素相比，草莓粉更天然健康，它既有淡淡草莓的香味，又会让蛋白酥呈现淡淡的粉色。通过冷冻干燥法将草莓干燥后制成的粉末就是草莓粉。

小贴士

放凉后将草莓蛋白酥放到装有食品干燥剂的密闭容器中，常温保存即可。如果蛋白酥受潮了，可以将其放到100℃的烤箱中重新烤10~15分钟。

冷藏
3天

冷冻
2周

椰粉糯米团

材料（直径30cm的糯米团
20个的量）

糯米粉·····················100g

椰子粉·····················80g

牛奶·······················100mL

砂糖·······················15g

豆沙馅（按照自己的喜好选择）

·························200g

色拉油·····················10g

※内馅可以买成品也可以自己做。

按照自己的喜好，里面放
豆沙馅或豆蓉都可以。

椰子粉
➡p.120

制作方法

1 将豆沙分成20等份并揉成圆形。

2 将牛奶和糯米粉放到碗里搅匀。搅到没
有结块的时候加入砂糖搅匀，再加入色
拉油搅匀，最后将面团分成20等份。

3 摊开椰子粉，将2中的面团分别滚满椰
子粉，然后把面团揉成直径为4cm的面皮。
将豆沙分别包入面皮中，再将面皮揉圆。
这样制作20个糯米团。

4 锅中加水煮沸后，将3倒入锅中，一边
煮一边轻轻地搅拌，以防糯米团粘锅。当
糯米团飘起来时就说明煮熟了。控干表面
水分后，再在糯米团上裹满椰子粉，最后
放凉即可。

要点
在直径为4cm的面皮里包上
豆沙，然后再揉成圆团。用
椰子粉做扑面（在制作面类
食品时，撒在面板上或手上，
防止面团粘附），煮好后再
粘上一层椰子粉即可。

小贴士
将剩下的椰子粉撒在保存容
器里，放入糯米团后盖上盖
子，然后放入冰箱冷藏。如
果想冷冻保存，可以用保鲜
膜包住糯米团，再将糯米团
放入食品袋里冷冻。吃之前
用微波炉加热一下，糯米团
就会变软。

冷藏
3天

腌制水果

材料（适量）

葡萄柚（白葡萄柚和粉葡萄柚）
……………………… 各1个
奇异果……………………2个
蜂蜜…………… 3大勺（50g）
薄荷（新鲜）……………少许

制作方法

1 将水果去皮，葡萄柚里面的薄皮也要剥掉，然后将水果切成比较容易吃的大小。

2 按照颜色将水果摆放在保存容器里，把蜂蜜浇在上面，再撒上薄荷并盖上盖子。最后放入冰箱冷藏3小时使其入味。

注释
橙子等柑橘类、菠萝等水果也非常适合腌制。腌制梨、苹果等容易变色的水果时，可以在水果表面涂上柠檬汁，再用糖水煮后，放入容器腌制即可。

小贴士
保存过程中适时地给水果翻面，以使蜂蜜能够均匀地裹在水果上。把水果放到食品袋里保存时，要排出袋内的空气。为了防止果肉变形，可以将食品袋放在盘子上保存。

冷冻
2周

焦糖巧克力饼干冰激凌

冷冻
2周

冷冻
2周

冻酸奶

香草冰激凌

小贴士
用盖子或锡箔纸盖上保存容器后放入冷冻室保存。再次保存吃剩的冰激凌时，需要将冰激凌搅匀再放入冷冻室。

冰激凌

香草冰激凌

材料（18cm×12cm×6cm 的保存容器，约 600mL 的量）

蛋黄……………………………	4 个
鲜奶油…………………………	200mL
牛奶……………………………	250mL
砂糖……………………………	80g
香草籽…………	5cm 长的香草豆荚

制作方法

1 从香草的豆荚中取出香草籽（参照 p.25。不要扔掉豆荚）。将蛋黄倒入碗中用打蛋器搅拌，再加入砂糖和香草籽搅拌均匀。

2 将牛奶和 1 中的香草豆荚倒入锅中，加热至有热气冒出，然后将牛奶一点点倒入 1 中的碗里，一边倒一边搅拌。然后用网筛过滤，再倒入锅中。

3 用小火加热，加热时要不断搅拌，防止粘锅。煮至浓稠后倒入碗中，然后将碗底坐入冰水中冷却。

4 鲜奶油打发到六分并倒入 3 里搅拌均匀，然后将混合物倒入盘中或保存容器里，再放入冷冻室冷冻凝固。当凝固一半时，将冰激凌取出，用叉子等工具将冰激凌全部翻搅一遍，再放入冷冻室使其完全凝固。取出来吃的时候可以用硅胶刮刀等工具搅拌一下，并把冰激凌表面抹平。

焦糖巧克力饼干冰激凌

材料（和香草冰激凌一样的量）

鲜奶油、牛奶…………	各 200mL
砂糖……………………………	80g
A 巧克力（碎块）…………	50g
牛奶……………………………	25mL
自己喜欢的饼干（碎块）………	50g

制作方法

1 将砂糖和 1 小勺水倒入锅中，盖上锅盖，用偏强的小火加热。不时地晃一晃锅，等到砂糖化开并呈茶色时拿下锅盖，再加入 1 大勺水并搅拌均匀。

2 将鲜奶油一点点倒入锅中并搅拌（如果焦糖快要凝固了，需要再用小火加热使之化开）。再加入牛奶并搅拌均匀，然后将锅中的焦糖牛奶倒入碗中，再将碗底坐在冰水里冷却，最后将其放入冷冻室凝固。

3 当凝固一半时，将冰激凌取出，用叉子等工具将冰激凌全部翻搅一遍，再放入冷冻室使冰激凌完全凝固。之后每隔一段时间就再把冰激凌取出并像之前一样翻搅一遍，然后再放入冰箱冷冻凝固。

4 将 A 中的牛奶倒入锅中煮沸，然后关火。将巧克力倒入锅中化开，再倒入饼干碎块并搅拌均匀。牛奶变凉后，将其倒入 3 中并搅拌均匀。最后将冰激凌装入保存容器中，再次放入冷冻室冷冻凝固。

冻酸奶

材料（和香草冰激凌一样的量）

原味酸奶………………………	300g
鲜奶油、牛奶…………	各 100mL
砂糖……………………………	80g

制作方法

1 将牛奶、砂糖和酸奶倒入碗中搅拌，使砂糖化开。然后放入冷冻室冷冻凝固，当凝固过半时取出并用叉子翻搅一遍，再放入冷冻室继续凝固。

2 酸奶完全凝固后，再全部翻搅一遍，然后倒入鲜奶油并用打蛋器搅拌，搅拌顺滑后，倒入保存容器中，最后放入冷冻室冷冻凝固。

吃的时候也可以将冰激凌装进蛋卷里。

格兰诺拉燕麦片

材料（适量）

燕麦片⋯⋯⋯⋯⋯⋯⋯⋯⋯⋯⋯⋯⋯⋯ 150g

核桃仁、杏仁片、椰子粉、开心果⋯⋯⋯⋯ 各30g

越蔓莓等自己喜欢的水果干⋯⋯⋯⋯⋯⋯⋯ 40g

枫糖浆⋯⋯⋯⋯⋯⋯⋯⋯⋯⋯⋯⋯⋯⋯⋯ 4大勺

色拉油（或菜籽油等）⋯⋯⋯⋯⋯⋯⋯ 40mL

※ 可以选择自己喜欢的坚果。

制作方法

1 如果坚果和水果干太大，可以将它们切成容易吃
  的大小。将烤箱预热到170℃。

2 将枫糖浆和色拉油倒入碗中搅拌均匀，再倒入燕
  麦片和坚果搅匀。

3 将烘焙纸铺在烤盘上，将2摊开在烘焙纸上，放
  入烤箱中烘烤15分钟。然后将麦片上下翻面，烤
  箱的温度降到160℃后，再烤10~15分钟，使麦片
  的口感更脆。拿出麦片后，趁热加入水果干并搅
  拌均匀。

做好的燕麦片不做成燕麦棒，直接吃就很好吃。拌上牛奶、
酸奶、冰激凌也很美味。

还可以这样吃
非常适合当作小礼物或慰问品的

格兰诺拉燕麦棒

材料（适量）

格兰诺拉燕麦片⋯⋯⋯⋯⋯⋯⋯⋯ 120g

低筋面粉⋯⋯⋯⋯⋯⋯⋯⋯⋯⋯⋯ 20g

豆浆或牛奶⋯⋯⋯⋯⋯⋯⋯⋯⋯ 1½ 大勺

砂糖⋯⋯⋯⋯⋯⋯⋯⋯⋯⋯⋯⋯⋯ 25g

色拉油（或菜籽油等）⋯⋯⋯⋯⋯ 1大勺

制作方法

1 将格兰诺拉燕麦片倒入碗中，加入砂糖和低筋面粉
  并搅匀。接着加入豆浆和色拉油并搅拌均匀。

2 将烘焙纸铺在平底方盘上，将1不留缝隙地铺在
  烘焙纸上并将表面整平，然后用刀将其切割成自
  己喜欢的大小，再放入预热到160℃的烤箱中烘烤
  15~20分钟。

常温
3天

小贴士
待燕麦片完全放凉后，将其装入放有食品干燥剂的密闭容器或食品袋里密闭保存。如果燕麦片受潮了，可以将其放到烤箱或多士炉中重新加热，这样燕麦片就会恢复香脆的口感了。

常温 1周

23

冷藏
3天

冷藏
3天

蛋奶布丁

南瓜布丁

小贴士
要将保存容器盖上盖子
再放入冰箱冷藏。如果
是用盘子或其他容器制
作的，可以用保鲜膜或
锡箔纸盖住再放入冰箱。

布丁

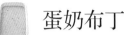

蛋奶布丁

材料（图片中保存容器的尺寸为23cm×15.5cm×6.8cm）

鸡蛋·····································3 个
牛奶·································390mL
香草籽·····················5cm 长的香草豆荚
砂糖·····································60g
焦糖（做法参照右下角）···········与做法等量
※ 也可以利用平口方盘来制作，或按照自己的喜好选择模具。

制作方法

1 将焦糖（做法参照右下角）倒入保存容器中。将香草籽从豆荚中取出。烤箱预热到150℃。

2 将鸡蛋打到碗中并用打蛋器搅拌。

3 将砂糖和香草籽放入锅中拌匀。倒入牛奶后用中火加热，当有热气冒出时将火关掉，把 2 的蛋液一点点边搅拌边倒入锅中，再用网筛过滤，最后倒入 1 中的容器里。

4 在较大的方盘上铺一块布，将保存容器放在上面，然后将方盘放在烤盘上。烤盘里倒入适量的热水，再放入烤箱中隔水蒸烤 1 个小时。冷却后将布丁放入冰箱冷藏。

南瓜布丁

材料（和蛋奶布丁等量）
南瓜·····························1/4 个（南瓜泥 170g）
鸡蛋·····················2½ ~ 3 个的量（净重 150g）
牛奶·································230mL
砂糖·····································40g
焦糖（做法参照右下角）···········与做法等量

制作方法

1 将焦糖（做法参照右下角）倒入保存容器中。将烤箱预热到150℃。

2 南瓜去籽去瓤，再切成 3cm 厚的小条，然后放进微波炉里加热至南瓜条变软。将南瓜和牛奶放在一起用搅拌机搅拌，然后倒入锅中（如果没有搅拌机，可以用筛子将南瓜滤成南瓜泥，再倒入牛奶搅拌）。加热至有热气冒出即可将火关掉。

3 将鸡蛋打入碗中，加入砂糖后用打蛋器搅拌，然后将 2 一点点倒入碗中，一边倒一边搅拌均匀，再用筛子过滤，最后倒入 1 中的容器里，并用锡箔纸盖住容器。

4 在较大的方盘上铺一块布，将保存容器放在上面，然后将方盘放在烤盘上。烤盘里倒入适量的热水，再放入烤箱中隔水蒸烤 1 个小时。冷却后将布丁放入冰箱冷藏。

要点

香草豆荚里细小的香草籽风香味浓郁。取香草籽时可以用小刀剖开香草豆荚，再用刀背等工具刮出香草籽。

上面两种布丁都用到的

焦糖

材料和制作方法

将 50g 砂糖和 1 小勺水倒入锅中，盖上锅盖用中火加热。砂糖开始化开后，要不时地摇晃一下锅，加热至砂糖变为淡茶色（浅浅的酱油色）即可。将火关掉后倒入 1 大勺水搅匀，用黄油涂一下容器的内壁，然后将焦糖倒入容器中保存。

冷藏
1周

冷冻
3个月

栗子涩皮煮

材料（适量）

栗子······················· 1kg（带皮）

A｜砂糖 ···················· 100g
｜水 ·························1L

砂糖·························· 300g

小苏打·····························适量

制作方法

1 锅中放入大量水，倒入栗子煮沸1分钟后关掉火。将栗子逐个捞出并用刀将外边的硬壳剥掉，再把剥好的栗子放入盛有水的碗中。

2 将1倒入锅中煮沸，水量要正好没过栗子，煮沸后改用小火煮5分钟左右，然后将火关掉。往锅里倒入凉水，直至水温降至不烫手的程度，然后将锅里的水和栗子一起倒进碗里，剥下涩皮纹路

上附着的硬皮。锅中烧些温水，再把栗子倒入锅中。

3 锅中的水要没过栗子5cm以上（约1L），加入1/4小勺的小苏打，然后重复几次2的步骤直至将涩皮上附着的硬皮去除干净，再将栗子放入温水里煮，这次不用加小苏打，将栗子煮软即可。

4 将A倒入另一个锅里煮沸后关火。再倒入栗子，用小火加热5分钟，然后就这样将栗子放在锅里浸泡一晚上。

5 第二天在锅里加100g砂糖，用小火煮5分钟，然后将栗子放凉。再用同样的方法重复煮2次，然后再把栗子放凉即可。

要点
利用碗中的温水，用手指将栗子涩皮纹路上附着的硬皮一点点剥下来。剥的时候注意不要将栗子弄破。

小贴士
待栗子完全冷却后，将栗子和糖汁一起倒进保存容器里，盖上盖子后放入冰箱冷藏。如果想冷冻保存，就将栗子倒入食品袋里密封起来。

红薯烤饼

材料（8个的量）

红薯	250g
蛋黄	1个
牛奶	50mL
鲜奶油	2大勺
砂糖	30g
黄油	20g
A 搅匀的蛋液	…1/2个鸡蛋的量
蜂蜜、水	…各1/2小勺

制作方法

1 将红薯去皮并切成一口的大小，再将红薯和牛奶一起倒入锅中，向锅中加水至正好没过红薯。然后煮20分钟左右，红薯煮软后关火，倒出锅里的水。

2 一边按顺序向1的锅中加入砂糖、黄油、鲜奶油和蛋黄，一边用锅铲将红薯捣成泥。每加入一样都要搅拌均匀。然后用保鲜膜将锅封住，放入冰箱冷却。

3 将烘焙纸铺在烤盘上，将2分成8等份放在烘焙纸上，每份之间留下适当的间隔，用抹刀等工具把红薯泥修整成约8cm长的杏仁形。

4 将搅拌均匀的A涂在3的表面上，最后放入预热到180℃的烤箱中烤20分钟。

要点
每份红薯泥之间要留下适当间隔，然后用抹刀等工具修整形状。当然你也可以根据自己的喜好弄成别的形状。

小贴士
待薯饼放凉后再装入保存容器中，盖上盖子放入冰箱冷藏。煮红薯的时候加入牛奶可以使红薯饼细腻的口感更持久。

冷藏
3天

芋羊羹

材料（图片中保存容器的尺寸为25cm×
19cm×5cm）

红薯·······················250g

砂糖·······················2~3大勺

琼脂粉····················4g

用甜点叉等工具就可以将芋羊羹
切开。

制作方法

1 将带皮的红薯切成一口的大小，
然后将红薯蒸至熟烂。

2 将琼脂粉和300mL的水倒入锅中
并搅拌至琼脂粉完全化开，然后
开火加热，煮沸后改成小火再煮
3分钟左右。趁热将琼脂和1、砂
糖加入搅拌机搅拌。

3 将2倒入保存容器里，冷却后放
入冰箱中冷藏半天，使其凝固。

要点
将用搅拌机搅拌好的热红薯
糊倒入搪瓷盒等保存容器里
并将表面抹平。放凉后盖上
盖子，放入冰箱冷藏。

小贴士

为了防止表面变干，需要用
盖子或保鲜膜盖住保存容器
再放入冰箱。随着存放时间
的增加，芋羊羹多少都会变
硬些，所以最好尽早吃掉。

薯片

材料（适量）

土豆······························2个
盐、胡椒····················各适量
煎炸用油······················适量

制作方法

1 用刀或切片器将土豆切成极薄的片，然后将土豆片浸泡到水中，再擦干水分，用低温油炸。

2 炸到恰到好处（变成淡茶色）时，改用中火炸一下。然后将薯片捞出放到厨房用纸上吸去多余的油份，趁热将盐和胡椒撒在上面。

小贴士

将厨房用纸铺在冷却网上，然后将薯片摊在上面，一边去油一边让薯片完全冷却。最后将薯片放到保存容器里保存，容器里要多放点食品干燥剂。

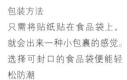

包装方法
只需将贴纸贴在食品袋上，就会出来一种小包裹的感觉。选择可封口的食品袋便能轻松防潮

常温
3天

小贴士
当糖霜完全凝固后，将饼干和食品干燥剂一起放到保存容器或饼干罐里，盖上盖子后在常温下保存。避免将饼干放在高温潮湿的地方。

糖霜饼干

材料（适量）

[饼干]

A 糖粉 ………………………………………… 30g
　盐 ……………………………………………… 1撮

B 低筋面粉 ………………………………………… 75g
　粳米粉 …………………………………………… 25g

黄油（无盐） ……………………………………… 60g

牛奶 ……………………………………………… 1/4 小勺

[糖霜]

C 糖粉 ……………………………………………… 80g
　牛奶 ……………………………………………… 1 大勺

草莓粉…………………………………………………少许

※ C 全部变成粉色需要 2g 草莓粉。可以根据自己
的喜好调节草莓粉的用量。

制作方法

1 制作饼干。事先将黄油置于室温下软化。将软化的黄油放入碗中用打蛋器搅拌成奶油状。加入 A 后继续搅拌，用网筛将 B 筛到碗中，再倒入牛奶并搅拌均匀。

2 将 1 放到面板上揉成面团，接着用擀面杖将面团擀成 5cm 厚的面皮。将面皮放到大的平口盘子里，盖上保鲜膜，放入冰箱冷藏 1 小时。

3 用自己喜欢的饼干模压出形状，然后将饼干坯排在铺有烘焙纸的烤盘上。把剩下的面再揉成一个面团并擀成面皮，如果面太软，可以将面皮重新放入冰箱冷藏，再用饼干模压出形状，直至把面都用完。

4 将饼干坯放入预热到 150℃的烤箱中烤 20~25 分钟。

5 制作糖霜。将 C 放入碗里，用硅胶刮刀搅拌，这样可以制作出白色糖霜。制作粉色糖霜时，需要加入适量的草莓粉搅拌（一边观察颜色变化，一边一点点加入草莓粉）。

6 用裱花装饰烤好的饼干，然后摆到盘子上晾干。

包装方法
可以把饼干装到盒子或罐子里。里面垫上有缓冲作用的碎纸丝，防止饼干碎掉。

要点 1

涂抹糖霜

直接将糖霜涂抹在饼干表面，再轻轻抖落多余的糖霜。也可以用抹刀等工具来涂抹。这种方法很简单且不容易失败，做出的饼干也很好看。

要点 2

用自制裱花袋装入糖霜绘制图案

裱花袋的制作方法：将烘焙纸切成一个等腰三角形（a），以长边的中心为顶点制作圆锥（b），然后将重叠的部分向内折（c），形成一个小的裱花袋的形状（d）。装入糖霜（e），可以稍微剪一下筒尖，以调节挤出线条的粗细。

※ 也可以用质感较硬的塑料袋的一角来替代裱花袋，装入糖霜后剪开顶端，就可以挤出糖霜。

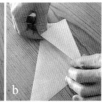

雪球饼干

材料（约40个的量）

低筋面粉·····················140g
杏仁粉·······················40g
核桃仁·······················50g
黄油（无盐）··················80g
盐·····························1撮
糖粉·························40g
装饰用糖粉····················适量

制作方法

1 将核桃仁放入190℃的烤箱中烤5分钟左右，冷却后切碎。将低筋面粉和杏仁粉放在一起过筛。

2 将经过室温软化的黄油放入碗中用打蛋器仔细搅拌，再加入盐和糖粉搅拌至黄油变白。然后加入1中的材料，用硅胶刮刀搅拌均匀并揉成面团。

3 用烘焙纸将2中的面团包住，放入冰箱冷藏1小时。将烤箱预热到170℃。

4 把3中的面团揉成40个球状的小面团，再摆放到铺有烘焙纸的烤盘上，小面团之间要留有一定的空隙。为了防止面团滚动，需要用手指轻轻按压一下。

5 放入已经预热好的烤箱中烤15分钟左右。烤制完成后放到冷却网上，放凉后在表面裹上糖粉即可。

要点
把烤好的饼干和糖粉装到塑料袋里，封上袋口，轻轻摇晃袋子，就可以让饼干均匀地沾满糖粉。

小贴士
待饼干完全冷却后，将饼干和食品干燥剂一起放入保存容器或饼干罐中，盖上盖子保存。随着保存时间的增加，裹在饼干外面的糖粉会变潮，可以根据自己的喜好再涂一次糖粉。

生巧克力

材 料（1个11cm×11cm 的盒子的量）

巧克力⋯⋯⋯⋯⋯⋯⋯⋯ 100g
鲜奶油⋯⋯⋯⋯⋯⋯⋯⋯ 70mL
黄油⋯⋯⋯⋯⋯⋯⋯⋯⋯ 15g
蜂蜜⋯⋯⋯⋯⋯⋯⋯⋯⋯ 1 小勺
君度利口酒⋯⋯⋯⋯⋯⋯ 1/2 小勺
可可粉⋯⋯⋯⋯⋯⋯⋯⋯ 适量

包装方法
可以利用装奶酪的空盒子等。将做好的生巧克力直接装到盒子里送人也没问题。

制作方法

1 将切成小块的巧克力和经过室温软化的小块黄油、蜂蜜一起装入碗中。

2 将鲜奶油倒入锅中煮至微沸，再一点点倒入 1 中的材料，并用打蛋器搅拌至材料全部化开。如果不能完全化开，可以隔水加热一下。再加入君度利口酒并用硅胶刮刀搅匀，然后将巧克力液倒入铺有一大张烘焙纸的盒子（模具）中。将表面抹平后，将盒子放到较大的盘子上，再放入冰箱冷却凝固 2 小时。

3 用在热水里温热过的刀将巧克力切成一口的大小，将可可粉撒在较大的盘子里，让每块巧克力都裹满可可粉。最后抖去表面多余的可可粉即可。

要点
由于巧克力比较容易化掉，所以要尽快用温热的刀将巧克力切开。事先在巧克力表面轻轻地划上线，这样切起来会比较简单。

小贴士
要将生巧克力放到铺有烘焙纸的保存容器里，再盖上盖子放入冰箱保存。

史多伦面包

材料（约1个500g面包的量）

[面包坯]

A ┌ 高筋面粉 ················ 1/2 杯（65g）
  │ 低筋面粉 ················ 1/2 杯（60g）
  │ 全麦粉（可以用高筋面粉替代）········· 2 大勺
  └ 干酵母 ·························· 1 大勺
牛奶···························· 50mL
黄油···························· 50g
砂糖····························· 1 大勺

[混合水果干]

B ┌ 葡萄干 ···················· 80g
  └ 陈皮、蜜饯柠檬皮 ········· 各50g
核桃仁 ························· 20g
肉桂粉 ······················ 1/2 小勺
朗姆酒（或白兰地）··············· 1 大勺

[装饰]

化开的黄油 ···················· 3 大勺
糖粉 ·························· 1 大勺

制作方法

1 将黄油放入耐热的碗中，无需用保鲜膜盖住，直接将碗放入微波炉中加热10秒，再加入砂糖，用打蛋器搅拌至顺滑。然后倒入混合好的 A，并用硅胶刮刀搅拌均匀，再加入牛奶搅匀。用手和面，直至面团具有一定的黏性，再用保鲜膜将碗封严。

2 将锅中30℃的温水煮沸后关火，把1中的碗浸入热水里放置1个小时，直至面团发酵到2倍大。

3 在等待发酵时制作混合水果干。将 B 大致切一下，核桃仁切成碎块后和 B 一起放到碗里，再放入肉桂粉和朗姆酒搅匀，然后盖上保鲜膜。

4 将 3 和发酵好的面团揉在一起，将面团揉圆后用擀面杖将面团擀成2cm厚的面皮，用手将面皮的中线压成1cm厚，然后把面皮折叠起来，上面的面皮不要完全盖住下面的面皮，要稍微错开一些，再用擀面杖压一下面皮的中间位置，让中间稍微凹下去一些。

5 将 4 放到铺有烘焙纸的烤盘上，用锡箔纸盖住面包坯，再放入预热好的烤箱（1000W）中烤20分钟，然后拿掉锡箔纸，再继续烤10分钟左右，让面包烤出好看的颜色。烘烤完成后，趁热将装饰用的化开的黄油涂满面包表面，放凉后再撒上糖粉即可。

要点
用擀面杖压一下叠在一起的面包坯中间的部位，这样烘烤的时候面包中间就不会过于膨大。

小贴士
由于史多伦面包可以存放很久，所以可以用锡箔纸包好后放入冰箱熟成。吃的时候切成薄片，再用多士炉稍微加热一下。

史多伦面包
史多伦面包是德国的圣诞面包。圣诞前一个月做好后，德国人几乎连周末都会和家人朋友一起品尝切成薄片的面包。人们一边吃着面包一边期待圣诞的到来。由于面包中加入了洋酒，所以根据熟成程度的不同，味道也会有所变化。

冷藏
4周

小贴士
苹果挞变凉后，模具会很难取下来，所以一定要先把模具拿下来，再将苹果挞放进保存容器，盖上盖子放入冰箱冷藏。

法式苹果挞

材料（4个模具的量、图片中陶瓷挞模上部直径为8.5cm，底部直径为7cm）

苹果（富士）……………………	5个
砂糖……………………………	5大勺
柠檬汁…………………………	1大勺
黄油（无盐）…………………	10g
冷冻派皮………………………	1张
涂在模具上的黄油和砂糖…………	各适量

冷冻派皮
➡p.120

要点1
塞苹果的时候，注意让苹果呈圆弧状的一边紧贴模具的内壁，而且一定要压实。

制作方法

1 将冷冻派皮在室温下放置一会儿，然后用挞模的口部边缘切割成圆形。再将剩下的派皮揉在一起，擀平后继续切割，一共切出4张，然后用叉子在派皮上戳孔。

2 将1中的派皮放在铺有烘焙纸的烤盘上，放入预热到200℃的烤箱中烤10分钟。如果中途发现派皮膨胀起来了，就用煎锅的锅底等平的东西压一下，然后将烤箱的温度降到180℃再烤15分钟，当烤好后将派皮放到冷却网上放凉。

3 将削皮去芯的苹果切成月牙形的6等份。把砂糖和柠檬汁涂在苹果上后，将苹果摆在铺有烘焙纸的烤盘上，再把撕成小碎块的黄油撒在上面。然后放入预热到170℃的烤箱中烤30分钟，翻面后再烤30分钟，此时苹果会被烤软，颜色也会变成淡茶色。

4 仔细将黄油涂在挞模里面。苹果片上涂上细砂糖，再满满地塞到挞模里，放的时候注意让苹果呈圆弧状的一边贴着模具的内壁，这样可以更美观。一个挞模里可以放七八块苹果。

5 将挞模放到烤盘上，放入预热到170℃的烤箱中烤1小时，如果烘烤时苹果快要溢出来，就需要将苹果压回到挞模中。烤完后再将苹果压实，然后放置5分钟。将2中的派皮盖在苹果上，然后将挞模倒扣着放到冷却网上冷却5分钟。再翻过挞模轻轻摇晃，然后用刀沿着模具边缘划一圈，将苹果挞取出。

要点2
为了让烤完的苹果定型且与派皮融合在一起，将派皮盖在苹果上后需要将模具倒扣放置5分钟左右。

※ 放置时间越久，就越难脱下挞模。如果很难脱模，可以隔水加热一下，这样脱模就比较容易了。

吃的时候可以配上打发好的鲜奶油。它和冰激凌、酸奶也很搭。

栗金团

材料（适量）

栗子甘露煮…… 1 罐（约 200g）

红薯…………………………… 300g

味啉…………………………… 100mL

砂糖…………………………… 4 大勺

盐……………………………… 少许

制作方法

1 将红薯去皮，皮要削得厚一点，然后将红薯切成 1cm 厚的圆片并分成 4 等份。将红薯片在水里浸泡去涩后沥干上面的水，再装入到耐热的碗里并加入 150mL 的水。用可微波加热的保鲜膜直接盖在红薯上，再用保鲜膜盖住碗，然后放入微波炉中加热 10 分钟。

2 将味啉倒入小锅中煮沸以去除里面的酒精。

3 趁热将 1（连带水一起）全部倒进食品调理机中搅拌顺滑，再把 2、砂糖和食盐倒入调理机中继续搅拌至顺滑。

4 将调理机中的材料倒入耐热的碗中，再把栗子甘露煮中的糖汁全部倒进去（可以根据自己的喜好调节用量），并搅拌均匀，然后放进栗子搅匀。不用覆盖保鲜膜，直接将碗放入微波炉加热 5 分钟，拿出搅拌一下，再加热 3~4 分钟。

要点

刚做好的步骤 3 会很稀，冷却后黏稠度才会正好。

小贴士

做好后倒入保存容器里，待完全放凉后盖上盖子，再放入冰箱冷藏。需要冷冻的时候，将栗金团分成几份装在食品袋里，密封好后冷冻即可。

冷藏
1周

黑豆

材料（适量）

黑豆 ………………………… 250g
砂糖 ………………………… 250g
盐 …………………… 不到 1/2 小勺
酱油 ……………………… 2 小勺

制作方法

1 锅中加入 1.2L 的水，将洗净的黑豆和盐倒入锅里浸泡一晚上。

2 开火加热1，煮沸后改成小火并撇去上面的浮沫，盖上小锅盖（将锅盖直接盖在黑豆上）继续煮。注意煮的过程中要让黑豆一直浸在水里，中间可适时添水补足，一共煮 5~6 小时。

3 当豆子煮到用手指一捏就碎的程度时加入砂糖，再次煮沸后将火关掉。用厨房用纸直接盖在黑豆上，再盖上锅盖放置一晚使黑豆入味。

4 第二天，拿下外面的锅盖再次加热，煮到汤汁能正好没过豆子即可。加入酱油后煮沸，然后将火关掉。将豆子盛到碗里时，如果有甘露子，也可以一起放到碗里。

要点
煮到用拇指和无名指能捏碎黑豆时，再加入砂糖。关键是一定要煮烂。

小贴士
煮好后不要拿掉盖在上面的厨房用纸，直接放置冷却，因为在豆子还没凉的时候，表面接触了空气就容易变皱。然后连带汤汁一起倒进密闭容器里，再放入冰箱冷藏。

专栏 1

最简单、安心的
保存甜点的基本规则

不添加食品保鲜剂是自己亲手制作甜点的魅力之一。如果能够妥善保存，就可以更长久地品尝这些存放在橱柜或冰箱里的美味甜点。

不要直接用勺子从保存容器里舀出来吃

直接用保存容器制作冰激凌、果冻或布丁等甜点时，需要用单独的勺子将甜点盛出来后再吃。不要直接用勺子取食，这样很容易使食物里进入细菌，使其变质。

给保存容器消毒

在保存甜点时，最需要注意的就是容器的清洁度。先用洗涤剂洗干净保存容器，如果容器具有耐热性，就可以煮沸消毒（参照图片）或浇上开水杀菌，再用厨房用纸或用干净的擦碗布擦干。容器如果不耐热，洗完后就用比较热的热水再涮一遍。此外，也可以用消毒酒精擦拭。

在贴纸上写上甜点名和制作日期

把甜点名和制作日期事先写在贴纸上，然后贴到保存容器上。这样不用开盖就可以了解食物的情况，同时还可以缩短开关冷藏室和冷冻室的时间。特别是冷冻保存的时候，时间一长很容易就忘了，写上制作日期就方便多了。推荐使用容易撕下来的贴纸。如果使用的是食品袋，可以直接用油性笔写在袋子上。

使用食品干燥剂防潮

在保存饼干、薯片、花林糖等容易受潮的甜点时，需要放入食品干燥剂。这样不仅可以保持点心的口感，还可以有效抑制霉菌繁殖。将容易受潮的甜点和干燥剂一起放进带盖子的保存容器、饼干罐或可封口的食品袋里保存。食品干燥剂可以在烘焙用品店或厨房用品店买到。

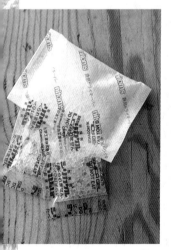

冷却后再保存

制作烤制点心或油炸点心时，需要将点心放到蛋糕冷却网等处冷却后再保存。如果在点心热的时候盖上盖子，容器和盖子上就会有水滴，这样容易滋生细菌。将蛋糕从模具中取出来的时候，蛋糕容易变形的原因也是因为没有完全冷却。

第二章

可以长期保存的
自制甜点

本章中的甜点都可以长期保存并且越熟成越美味。利用高糖度贮存食物的方法是古人流传下来的智慧。制作果酱、梅子酒和甘煮等食物时不使用任何添加剂，让它们自然熟成。自己亲手制作并享用这些食物吧。

奇异果果酱

材料（约 2 杯的量）

奇异果·················· 300g

细砂糖·················· 150g

柠檬汁·················· 1/2 个的量

Confiture 是什么？

Confiture 在法语中是果酱的意思。果酱是用砂糖炖煮水果制成的，是一种可保存食品。糖分越高，保存性就越好。

制作方法

1 将奇异果洗净后去皮，切成边长 1cm 的小丁。

2 把奇异果放到锅里，加入砂糖和柠檬汁，拌匀后放置 30 分钟左右。

3 当水分充分析出后用大火加热，煮沸后改成中火。一边不停地用锅铲搅拌，一边仔细地捞出漂在上面的浮沫，这样煮 15 分钟左右。煮至黏稠时将火关掉。

要点

为防止果酱糊掉，煮的时候要不停地搅拌。如果煮过头，颜色就会变得很难看，所以一定要适时将火关掉。

小贴士

趁热将果酱倒入保存容器中，再盖上盖子放凉。放凉后由于里面的空气体积缩小，所以可以更好地密封。完全冷却后放入冰箱冷藏。

冷藏
2周

苹果蜜饯

材料（2个苹果的量）

苹果（最好是红玉苹果）
·················· 2 个（500g）
柠檬·············· 1/2 个
A 红酒（口感较甜）··· 200mL
   细砂糖 ··············· 100g
   水 ···················· 300mL
肉桂棒·················· 1 根

放凉后放上薄荷。也可以搭配酸奶或冰激凌一起吃。

制作方法

1 将去皮的苹果切成4瓣并去芯。把柠檬切成薄片。

2 将 A 放入锅中加热，当细砂糖化开后改成小火，再倒入苹果。把柠檬片放到苹果上，再加入肉桂棒。盖上小锅盖，炖煮 20 分钟左右，当苹果煮软并变成红色时即可关火。

要点
把烘焙纸盖在上面（如图所示），苹果会煮的更软烂。

小贴士
冷却后将苹果倒入保存容器中，柠檬和肉桂棒也要一起放进去，然后盖上盖子，放入冰箱冷藏。也可以放进食品袋中密封冷冻保存。

巧克力酱

材料（约 180mL 的量）

巧克力（市售巧克力板）… 100g

牛奶……………………… 50mL

黄油（无盐）……………… 30g

制作方法

1 把巧克力切碎，再用隔水加热的方法化开巧克力。

2 牛奶倒入小锅中煮沸，趁热将化开的巧克力和黄油一起倒入锅中搅匀（也可以按照自己的喜好加上 1 小勺朗姆酒）。

3 趁热将巧克力酱倒入干净的容器中保存，放凉后再放入冰箱冷藏。

要点

在巧克力比较热的时候加入黄油，可以避免出现硬块，还能搅拌得更加顺滑。

小贴士

巧克力酱放凉后就会变得硬一些，所以要趁热将巧克力酱倒入保存容器中并盖上盖子。待完全冷却后再放入冰箱冷藏。

冷藏
3周

焦糖奶油酱

材料（约200mL的量）

鲜奶油⋯⋯⋯⋯⋯⋯ 100mL
A 细砂糖 ⋯⋯⋯⋯⋯ 100g
　 水 ⋯⋯⋯⋯⋯⋯⋯ 50mL

制作方法

1 将鲜奶油从冰箱里拿出来在室温下软化。

2 将 A 倒入锅中加热，持续加热直至细砂糖化开且变成焦糖色。当颜色变成较深的焦糖色时，将火关掉，分 3~4 次将 1 中的鲜奶油倒入锅中并搅拌均匀（此时锅里还会有热气冒出来，注意不要烫到手）。再次加热并不断搅拌，煮至浓稠时把火关掉，再趁热把酱倒进干净的保存容器里。

要点
当颜色变成较深的焦糖色时将火关掉，沿锅边画圆倒入鲜奶油。一定要注意焦糖颜色的变化，不要煮过头。

小贴士
酱汁变凉后，黏稠度就会增加，很难再倒进保存容器里，所以一定要趁热将焦糖奶油酱倒入容器中并密封起来。完全冷却后再放入冰箱冷藏。

冷藏 2周

核桃黄油酱

材料（约250mL的量）

核桃仁		150g
A	细砂糖	100g
	盐	1撮
	水	100mL
黄油（无盐）		30g

制作方法

1 将核桃仁放入预热到160℃的烤箱中烤10分钟左右。

2 将1中的核桃仁和A倒进锅中煮5~10分钟，煮的时候要不停地搅拌，然后关火，冷却。

3 放凉后将2倒入食物调理机中搅拌，中间加入黄油，然后继续搅拌成糊状。虽然搅拌得比较顺滑时外观看起来很好，但稍微留一些颗粒，口感会更好。

※ 用芝麻或其他坚果代替核桃仁，做出的酱也非常好吃。

要点

事先将核桃仁用烤箱烤一下，可以让核桃仁更香，也可以烤出多余的油分。

小贴士

做好的酱会有很多小颗粒，装入保存容器的时候一定不要留下空隙（不要让空气进入）。

葡萄干黄油

材料（适量）

葡萄干·····························50g
黄油（有盐）················ 100g
朗姆酒·····················   1 小勺
※ 如果用的是无盐黄油，可以再加 1 撮食盐。

制作方法

1 将朗姆酒放入锅中煮沸去除酒精。用热水清洗葡萄干，沥干水分后涂抹上朗姆酒。

2 将经过室温软化的黄油放入碗中，用打蛋器仔细搅拌，搅拌至黄油发白且像混入了空气一样松软时，加入 1 中的葡萄干并搅匀。

3 铺好保鲜膜，将 2 修整成细长状后放在上面，然后卷成长条状。卷好后放到方盘上，再放入冰箱冷藏凝固。吃的时候切成薄片就可以了。

要点
将黄油卷成直径为 3cm 的棒状，注意要让葡萄干分布均匀。也可以将保鲜膜放在寿司卷帘上面卷。

小贴士
保存棒状的葡萄干黄油时，为了防止黄油受到挤压变形，应该先将它放到方盘或其他容器中，再放入冰箱冷藏。也可以用卷帘卷上再放入冰箱。

冷藏
2周

芒果醋和蓝莓醋

材料（各 180mL 的量）

[芒果醋]

芒果干······················20g
冰糖·······················10g
醋（米醋）··············· 150mL

[蓝莓醋]

蓝莓（冷冻）·············30g
冰糖·······················30g
醋（米醋）··············· 150mL

关于饮用方法的建议
可以按照喜好加入冰
块、凉水、碳酸水或
牛奶饮用，也可以加
入热水饮用。

制作方法

[芒果醋]

1 将芒果干切成 1~2cm 宽的细条，将芒果
干和冰糖一起装入消完毒的保存容器里，
然后再将醋倒入里面。

2 将保存容器放到阴凉处 2~3 天即可。放
置 2 周后，为了防止醋变浑浊，需要将
芒果干捞出来。

[蓝莓醋]

1 将醋倒到消过毒的保存容器里，然后加
入蓝莓和冰糖。

2 将 1 放置阴凉处 2~3 日即可。约 2 周后
出现沉淀物时，需要用干净的勺子将蓝
莓捞出来。

要点
醋也可以使用黑醋、苹果醋
或酒醋等。冰糖也可以用精
制白糖、三温糖或红糖替代。
制作时不要放太多糖，做好
后可以根据自己的喜好再加
糖来调节甜度。

小贴士
由于醋的腐蚀性很强，所以
需要使用玻璃容器保存。这
两种果醋放置 2 周后都会
出现沉淀物，果醋也会变浑
浊，这时需要把里面的果肉
捞出来。

冷藏
1年

冷藏
1个月

蜂蜜木梨果子露和
梅子果子露

小贴士
保存果子露类的甜点时，需要将其装入煮沸消毒的容器里，盖上盖子再放入冰箱冷藏。

材料（适量）

[蜂蜜木瓜果子露]
木瓜……………… 400g（1个）
蜂蜜………………… 600g
[梅子果子露]
梅子（完全成熟）……… 500g
冰糖（或细砂糖）……… 500g
烧酒（或醋）………… 100mL
※ 加入烧酒可以让冰糖快速化开。如果不想加入酒精，也可以用醋替代。

关于饮用方法的建议
可以用水或碳酸水稀释 4~5 倍后再饮用。热饮或冷饮都可以。

制作方法

[蜂蜜木瓜果子露]

1 用温水仔细清洗木瓜后沥干水分，再带皮切成薄片（木瓜比较硬，切的时候注意不要受伤）。

2 将 1 中的木瓜和蜂蜜装入干净的瓶罐里后，在阴凉处或冰箱中放置 1~2 个月就可以饮用了，但最佳的饮用时机是 6 个月以后，此时味道也会变得温和。放置一年后，需要将木瓜取出来。

[梅子果子露]

1 将梅子洗净，去掉果蒂，擦干水分。在消过毒的干净罐子里每放一层梅子就盖上一层冰糖，再倒入烧酒，使其没过所有的梅子后放到阴凉处。每天摇晃罐子一次，使梅子得到充分浸泡。

2 待 2~3 周冰糖完全化开后，用干净的筛子将梅子捞出并倒入锅中煮到微沸，冷却后再将其倒入干净的罐子里保存。

冷藏
1个月

柚子茶

材料（适量）

柚子……………………… 2个
砂糖…去蒂去籽后柚子重量的一半
※ 尽量使用没用过农药的柚子。

柚子茶

柚子茶是一种果酱状、用热水冲饮，
在韩国非常受欢迎的饮品。通常用
150mL的热水冲泡2大勺的柚子茶。
除了可以作为茶饮外，也可以搭配
酸奶，和面包一起食用。

制作方法

1 将柚子横切成两半，挤出柚子汁，去除
 果蒂和籽。称出柚子汁和柚子总重量一
 半的砂糖。

2 锅中加水煮沸后，将1中的柚子倒入锅
 中焯一遍，去除杂质。捞出柚子，放凉
 后将柚子切成薄片。

3 将1中的柚子汁、2中的柚子和砂糖倒
 入锅中用大火加热，煮沸后改成中火，
 时而搅拌一下锅底，煮5分钟左右，煮
 至浓稠即可。

要点

将柚子加入砂糖煮沸后，不
时地用锅铲搅拌一下以防止
煮糊。如果煮糊了，做出来
的柚子茶就会有苦味。

小贴士

将柚子茶装入干净的保存容
器里，冷却后再放入冰箱冷
藏。可以按照自己的喜好增
减砂糖的量，调节甜度。

蜜煮金橘

材料（适量）

金橘……………………… 500g
砂糖……………………… 150g
柠檬汁……………………… 1大勺

制作方法

1 将金橘仔细清洗干净，去除果蒂。用大量的水煮一下金橘，然后捞出。

2 将金橘横切成两半，用刀尖或牙签挑出籽。

3 锅中加入 500mL 的水。将 2 倒入锅中，用烘焙纸直接盖在金橘上面，用小火煮10~20 分钟，煮至金橘变软时加入砂糖。再继续用小火煮几分钟后将火关掉。

要点
近年来，多数金橘的籽越来越少，用牙签可以将藏在深处的籽挑出来。冷藏的金橘吃起来更美味。

小贴士
保存金橘等酸味较强的柑橘类蜜煮时，要避免使用金属制的保存容器。带汁装入容器中，放凉后盖上盖子，再放入冰箱冷藏。

冷藏
1周

柠檬凝乳

材料（约400mL的量）

鸡蛋·························· 2个
蛋黄·························· 2个
细砂糖······················ 150g
柠檬汁······ 100mL（2个的量）
柠檬皮细丝············· 2个的量
黄油（无盐）·················80g

制作方法

1 将鸡蛋和蛋黄倒入锅中，加入砂糖后仔细搅拌，再放入柠檬汁和柠檬皮。一边用中火加热，一边用锅铲或打蛋不断地搅拌，以防糊锅。

2 煮至黏稠时加入黄油，拌匀后将火关掉。

要点
煮的时候要不断地搅拌，直至顺滑，最好用打蛋器搅拌。煮至黏稠时加入黄油。

小贴士
趁热将凝乳倒入干净的保存容器密封，待完全冷却后再放入冰箱冷藏。

红豆馅

材料（适量）

红豆························· 300g
砂糖························· 300g
盐························· 少许

小贴士

将红豆馅放入保存容器，盖上盖子后再放入冰箱。冷冻时可以将豆馅分成几份保存，这样使用的时候也就方便多了。

制作方法

1 将红豆洗净，用足量的水浸泡一晚上。

2 将1沥干水倒入锅中，再重新加入大量的水加热，煮沸后改成小火煮5分钟。再用筛子捞出红豆，再倒掉锅里的水，沥干豆子的水后倒回锅中，重新加入充足的水，同样再煮5分钟后捞出豆子并倒掉锅里的水。

3 再次把红豆倒入锅中，加入约1.5L的水，用小火炖煮1小时左右。再加入砂糖，煮至水分几乎干掉后，加入1撮食盐搅拌均匀，然后将火关掉。

还可以这样吃
永远受欢迎的组合。和黄油也很搭
红豆黄油三明治

材料和制作方法

将自己喜欢的面包切成约2mm厚，夹上满满的黄油和红豆馅，红豆黄油三明治就做成了。

※ 黄油既可以用有盐的，也可以用无盐的。如果喜欢甜咸口味的，就用有盐黄油，喜欢清淡口味的，可以使用无盐黄油。

冷藏
5天

冷冻
1个月

梅子酒

材料（1个4L罐子的量）

青梅·····························1kg
烧酒······························1.8L
冰糖·····················400~500g

制作方法

1 将保存容器清洗干净，浇上热水消毒，再用擦碗布等工具擦干。

2 选择没有外伤的梅子仔细清洗，再逐个用烘焙纸擦干，用牙签去除果蒂。由于梅子很容易破损，所以洗的时候不要浸泡在水里太久。

3 将2中的梅子和冰糖交替放入1中的保存容器里，然后倒入烧酒，盖上盖子后放到阴凉处。3个月后就可以喝了，但最好是放置半年以上再饮用，如果超过一年，就需要将梅子捞出来。

饮用方法
苏打梅子酒
将50mL梅子酒倒入装有冰块的玻璃杯里，兑入100mL碳酸水并轻轻搅拌。也可以加冰或兑水喝，选择自己喜欢的方式饮用。

要点1
去除青梅的果蒂和里面的污垢时，如果用力过度，就容易弄坏里面的果肉，所以一定要注意。

要点2
交替地将青梅和冰糖装入干净的容器里，然后再加入烧酒。

小贴士
发酵半年后是最佳的饮用时间，发酵2~3年也很美味。放置在日光照不到的阴凉处保存。

自制桑格利亚酒

冷藏
1周

桑格利亚水果
红葡萄酒

材料（1瓶红葡萄酒的量）

红葡萄酒············ 1瓶（750mL）
苹果、橙子、柠檬······· 各1/2个
香蕉······························ 1根
肉桂棒·························· 1根
蜂蜜·························· 4大勺
白兰地························ 2大勺
※ 此外，也可以用蓝莓、草莓、樱
桃、葡萄柚、伊予柑橘等浆果类或
柑橘类水果。

制作方法

1 将苹果切成4瓣，去芯后切
　成1cm厚的小块。橙子去皮，
　切成1cm厚的薄片。用盐（分
　量外）搓洗柠檬，将柠檬皮
　清洗干净，然后切成薄片。
　剥掉香蕉皮，将香蕉斜切成
　1.5cm厚的小块。

2 将50mL红葡萄酒倒入锅中
　加热，再加入蜂蜜，使其
　化开。

3 将1、2、肉桂棒和白兰地
　倒入保存容器中，再倒入剩
　下的红酒，然后放入冰箱冷
　藏，腌渍1~2日。

桑格利亚水果白葡萄酒

材料（1瓶白葡萄酒的量）
白葡萄酒··········· 1 瓶（750mL）
菠萝····················· 1/8 个
奇异果··················· 2 个
芒果····················· 1 个
薄荷····················· 5g
蜂蜜····················· 4 大勺
白兰地··················· 2 大勺
※ 此外也可以用桃、番木瓜、梨、
法国洋梨等南方水果。

制作方法

1 去掉菠萝、奇异果和芒果的
皮后，将果肉切成适当大小。

2 将 50mL 白葡萄酒倒入锅中
加热，再加入蜂蜜，使其
化开。

3 将 1、2、薄荷和白兰地倒
入保存容器，再倒入剩下的
白葡萄酒，然后放入冰箱冷
藏，腌渍 1~2 日。

冷藏
1周

用带盖子的罐子保存
建议使用装大麦茶等
的空罐子来保存。

小贴士
放入冰箱冷藏 1~2 日后就可
以喝了。3 天后将水果捞出
来，可以保存一周左右。

用烤箱烤制 1 小时
制作水果干

水果干浓缩了水果本身温和的甜味和香味，口感也非常细腻。虽然它给人以高级奢侈的印象，但用烤箱烤 1 小时就能制作出来。在水果比较充足的时候，多烤几种水果干并储存起来也是一个不错的选择。水果干既可以送人，也可以用来招待客人。

材料和制作方法

1 取苹果和无花果各适量，切成 1cm 厚的薄片，取适量的菠萝罐头，倒出罐头汁。

2 将水果摆放在铺有烘焙纸的烤盘上，放入预热到 120℃ 的烤箱中烤 30 分钟，翻面后继续烤 30 分钟，然后放置冷却。

※ 此外，也可以用香蕉、芒果、番木瓜、柿子、枇杷、杏子等水果来制作。但水分多的水果不适合用来制作水果干。

小贴士

待水果完全冷却后，放入保存容器并盖上盖子，再放入冰箱冷藏。如果想长期保存，就将水果分成几份并用保鲜膜包住，然后放进保存容器或食品袋里，最后放入冷冻室冷冻。

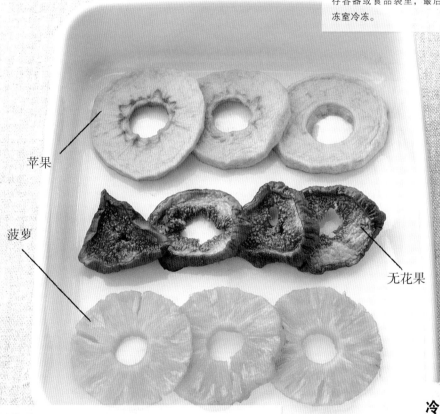

苹果

菠萝

无花果

食用方法

● 直接品尝。

● 将水果干切碎后，与蛋糕、饼干、司康面包、果冻一起品尝。

● 可以用来装饰酸奶或冰激凌。

● 可以搭配奶酪、巧克力或咸饼干一起吃。

冷藏
1周

冷冻
1个月

第三章

利用周末
提前做好的甜点

本章将介绍多款做一次可以慢慢享用很多天、对健康有益的手制点心。只有手制点心才具有朴素的甜味且对身体有益。每天做点心是非常辛苦的，周末提前做好，就能每天端出来和大家一起分享喜悦。

冰箱饼干

材料（各50个的量）

[原味饼干]

低筋面粉·······················200g

黄油（无盐）···················100g

砂糖·····························90g

鸡蛋·····························1个

细砂糖····························适量

[可可饼干]

A｜低筋面粉····················180g

　｜可可粉······················20g

杏仁片··························100g

黄油、砂糖·····················各100g

鸡蛋·····························1个

制作方法（下面的1、2、6是两种饼干共同的制作步骤）

1　将A放在一起过筛。提前1小时将鸡蛋和黄油从冰箱中拿出来，让黄油在室温下软化（夏天时提前30分钟）。

2　将黄油放入碗中，用打蛋器搅拌成蛋黄酱状，此时加入砂糖，搅拌至呈白色即可。再一边慢慢加入搅匀的蛋液，一边搅拌均匀。

3　制作原味饼干时，将低筋面粉筛进2中；制作可可饼干时，加入A和杏仁片。然后都要用硅胶刮刀搅拌至看不到粉末颗粒。

4　将作为扑面的低筋面粉（分量外）撒在面板上，将3揉成一团放在上面。制作原味饼干时，将面团揉成直径为3~4cm的圆棒状；制作可可饼干时，揉成方形的棒状，然后都要用保鲜膜包好放入冷冻室冷冻1~2小时。

5　制作原味饼干时，把面棒放到浸湿的烘焙纸上滚一圈弄湿表面，再把细砂糖粘到表面，然后将其切成1cm厚的小块。

6　将饼干坯放到铺有烘焙纸的烤盘上，放入预热到150℃的烤箱中烤20分钟左右。烤好后将饼干放到冷却网上冷却。

要点1

黄油搅拌至变成白色的奶油状。再一边一点点加入鸡蛋，一边搅拌。

要点2

把面棒放入冷冻室冷冻后会比较好切，切出的形状也比较好看。

小贴士

如果在饼干还没凉的时候就放到保存容器里，饼干会容易受潮，所以一定要等到饼干完全冷却后再放进去。将饼干和食品干燥剂一起放到保存容器或饼干罐中密闭保存。

布朗尼蛋糕

材料（图片中保存容器的尺寸为25cm×19cm×5cm）

巧克力（半甜）	……………………	200g
A 低筋面粉	……………………	60g
泡打粉	……………………	1/2 小勺
鸡蛋	……………………	2 个
牛奶	……………………	60mL
黄油（无盐）	……………………	100g
砂糖	……………………	60g
核桃仁	……………………	40g

※ 也可以用核桃仁以外的坚果。

制作方法

1 将切碎的巧克力和黄油放入碗中，用隔水加热的方法化开，再加入砂糖搅拌均匀。

2 将鸡蛋打入1的碗中，每打入一个就搅拌一次，然后加入牛奶搅拌均匀。再将A筛入碗中，搅拌至顺滑。

3 在保存容器（或者方盘、模具）里铺一张较大的烘焙纸，将2中的蛋糕糊倒在上面并抹平表面，然后撒上切碎的核桃仁。

4 放入预热到160℃的烤箱中烤25分钟。冷却后将蛋糕切成自己喜欢的形状。

要点

这里的隔水加热与普通的隔水加热不同，不是将碗底放到热水里，而是用热气加热碗底。热水不要准备太多，不要让碗底碰到热水。最好选择热传导性比较好的金属碗。

小贴士

待蛋糕完全冷却后再放入保存容器，然后盖上盖子保存。吃的时候可以直接吃，也可以用多士炉稍微加热后再吃。放入冰箱冷藏后也很好吃。

包装方法

用蜡纸包住蛋糕并用绳子系住，再把包好的蛋糕装到篮子或纸袋里。

甜酥饼

材料（直径约14cm）

A | 低筋面粉 ·················· 75g
  | 杏仁粉 ·················· 25g
黄油（无盐） ·················· 60g
糖粉 ·················· 30g
盐 ·················· 1撮
※ 使用有盐黄油时就不需要使用食盐了。

包装方法

利用装奶酪的空盒子，只要系上缎带就既复古又可爱。

制作方法

1 将经过室温软化的黄油装入碗中，用打蛋器打发成奶油状，再加入糖粉和食盐拌匀。

2 将 A 筛入 1 中搅拌均匀，揉成面团后放到面板上继续揉。用擀面杖将面团擀成 1cm 厚的面皮，将面皮放到盘子里用保鲜膜盖住后，放入冰箱冷藏 30 分钟。

3 将 2 取出放在烘焙纸上，用模具将面皮切割成圆形或菊花形。剩下的面皮揉在一起，再擀成一口大小的圆形。盘子里铺上烘焙纸，放上用模具切割成形的面皮。

4 用刀在切割好的面皮表面划出 4 条对角线，再用叉子戳上小孔。将一口大小的圆形面皮也放到盘子里，用保鲜膜包住后放到冰箱里冷藏 1 小时，让面皮冷却醒发。

5 将 4 中的面皮和烘焙纸一起放到烤盘上，放入预热到 150℃的烤箱中烤 25~30 分钟。然后取出，用刀沿着之前划过的线将面皮切开，每块之间要留出一点空隙，然后再放入烤箱中烤 10 分钟左右。

小贴士

烤完后将甜酥饼放到冷却网上完全冷却，然后和干燥剂一起放到保存容器里盖上盖子保存。图片中的甜酥饼是放在铺有蕾丝垫纸的空奶酪盒里。

意大利脆饼干

材料（各约12块的量）

[香草浆果脆饼干]

A	低筋面粉、杏仁粉 …各100g
	泡打粉 ……………1/2 小勺

细砂糖……………………35g

橄榄油……………………适量

B	搅匀的蛋液 …1½ 个鸡蛋的量
	香草油 ……………………适量
	蔓越莓干、草莓干 …各20g

[可可坚果脆饼干]

A	低筋面粉 ……………75g
	可可粉 ……………25g
	杏仁粉 ……………100g
	泡打粉 ……………1/2 小勺

细砂糖……………………35g

橄榄油……………………适量

B	搅匀的蛋液 …1½ 个鸡蛋的量
	香草油 ……………………适量
	核桃仁、榛子仁（烘烤过）
	…各20g

制作方法（2种饼干的制作方法一样）

1 烤箱预热到180℃。在烤盘上抹一层薄薄的橄榄油。

2 将A混合在一起过筛后装入较大的碗里，加入细砂糖和1撮盐（分量外）并用手拌匀。把B从中央倒入碗中后用手拌匀。手上涂上橄榄油后将面揉成一团。

3 把2放到1中的烤盘上，用手将面团弄成较薄的长方形。

4 将3放入烤箱中烤20分钟，然后将面团取出放到面板上，趁热切成1.5cm厚的片。将切面贴着烤盘放置，把烤箱的温度降到160℃，再将饼干坯放到里面烤15分钟左右。最后将饼干放到冷却网上冷却。

要点

中途取出饼干坯后，用切面包的刀将饼干坯斜切成12块左右的棒状（如图所示）。

吃的时候可以蘸着特浓咖啡或卡布奇诺等一起吃。

香草浆果脆饼干

可可坚果脆饼干

小贴士

待饼干完全冷却后，将饼干和干燥剂一起放到保存容器中常温保存。除了密闭容器外，饼干罐或玻璃罐也可以。

常温
2周

65

面包干

材料（适量）

法棍面包………… 8cm 长的 1 段
黄油………………………………20g
细砂糖…………………… 2 大勺

制作方法

1 将法棍面包切成 7mm 厚的薄片（切 12 片左右），再将搅拌成奶油状的黄油涂在面包片的一面。

2 将细砂糖装到一个小容器里，使涂有黄油的那面面包粘满砂糖。

3 把面包片没涂黄油的那面朝下摆到烤盘上，再放入预热到 110℃的烤箱中烤 30 分钟。用手指轻轻敲打面包片，如果感觉面包片已经烤干了，就说明已经烤好了。

要点
用手指轻轻敲打面包片，如果感觉面包片已经烤干了，就说明已经烤好了。如果有湿润的感觉，就需要再烤一会儿。

小贴士
待面包完全冷却后，将面包片与食品干燥剂一起放入保存容器中，密闭常温保存。避免放在光照较好或潮湿的地方保存。

常温
2天

草莓奶油奶酪司康面包

材料（8个的量）

A	低筋面粉	180g
	黄糖	1大勺
	盐	1撮
	泡打粉	1小勺
	黄油（无盐）	70g
奶油奶酪		40g
草莓酱		1大勺
牛奶		1小勺

制作方法

1 将A全部装进碗里，一边用手捏碎黄油一边搅拌，直至材料都变成砂粒状。

2 把奶油奶酪和草莓酱加入1中搅拌均匀。

3 慢慢将牛奶倒入2中，再将材料揉成一团（倒入牛奶时就不需要再搅拌了）。

4 将面团分成8等份，每份都用手将小面团揉成球状，然后将面团放入预热到180℃的烤箱中烤18分钟左右。当顶端烤得焦黄时，将面包取出并放到冷却网上冷却。

小贴士

仔细将面包烤至焦黄后，再将面包取出冷却并放到阴凉处保存，也可以冷冻保存。吃之前用多士炉或烤箱稍微加热一下就很好吃。

红薯南瓜茶巾绞

材料（各8个的量）

红薯·························· 400g

南瓜·························· 300g

砂糖·························· 4大勺

抹茶·························· 1小勺

红豆沙（市售）·············· 100g

※ 如果红薯泥、南瓜泥、红豆沙过于柔软发黏，可以分别将它们放到耐热容器中，不用盖保鲜膜，直接放到微波炉里加热，去除水气。加热到恰当状态再拿出来，这时揉起来就更容易了。

制作方法

1 将红薯切成2cm厚的片，南瓜切成一口的大小。再一起放到锅里煮至变软，然后去皮。

2 把1中的红薯和南瓜分开，分别用滤网制成泥后（如果没有滤网，也可以用锅铲将红薯和南瓜捣成泥）装到两个碗里。分别向碗里加入2大勺砂糖并搅拌至顺滑。把红薯泥分成2份，向其中一份中加入抹茶并拌匀。

3 将两种颜色的红薯泥各取一小块放在一起，用保鲜膜拧成茶巾状。把南瓜泥和红豆沙各取一小块放在一起，同样地拧成茶巾状。每种茶巾绞各制作8个。

要点

分别将适量的红薯泥、南瓜泥、红豆沙包在保鲜膜里，简单地拧一下就可以制作出茶巾绞。把两种颜色搭配在一起会更加美观。

小贴士

需要放到密闭容器中冷藏保存。可以带着保鲜膜直接放到保存容器里冷藏，这样可以防止点心变干。

马拉糕（黑糖蒸包）

材料（4人份）

低筋面粉······················· 100g
泡打粉························· 1 大勺
黑糖···························· 85g
鸡蛋·························· 3 个
脱脂牛奶······················ 3 大勺
葡萄干························· 30g
色拉油······················· 1 大勺

制作方法

1 将鸡蛋打到碗中搅匀，把 2 大勺水、脱脂牛奶和黑糖倒入碗中并搅拌均匀。再依次加入泡打粉、低筋面粉、葡萄干、色拉油，每加入一样都要仔细搅拌。

2 在蒸笼里铺上烘焙纸，把1中的面糊倒入蒸笼里，装到蒸笼高度的一半即可。

3 把 2 放入蒸锅里并盖上盖子，用大火蒸 12~15 分钟。用竹扦捅一下，若竹扦上没有粘上任何东西，就说明已经蒸好了。

要点
蒸的时侯面糊会膨胀起来，所以装到蒸笼的一半高即可。

小贴士
水蒸气散去后，将马拉糕放到冷却网上直至完全冷却，然后放到容器里或用保鲜膜包好，再放入冰箱冷藏。如果想冷冻保存，就将马拉糕切成几份，用保鲜膜分别包好后再冷冻。

冷藏
3天

冷冻
1周

花林糖

材料（约60根的量）

A| 低筋面粉 ················ 100g
   | 泡打粉 ················ 1/2 小勺
熟白芝麻 ················ 1 大勺
砂糖 ·················· 20g
色拉油 ················ 2 小勺
B| 黑砂糖、白砂糖 ······ 各60g
   | 酱油 ················ 1/4 小勺
   | 水 ·················· 2 大勺
煎炸用油 ················ 适量

制作方法

1 碗里装入 40mL 的水，再倒入砂糖和色拉油并搅匀，然后将 A 筛入碗中，加入芝麻后用硅胶刮刀搅拌均匀，再揉成面团。用保鲜膜将面团包住，放入冰箱中冷藏 30 分钟左右。

2 把面团揉成棒状并分成 4 等份，然后将每份都搓成 5mm 粗细的长条，再切成 5cm 长的小段（一共可切约 60 根）。将面段放入 160℃ ~170℃ 的低温油中炸，炸好后放在铺有烘焙纸的冷却网上将多余的油滤掉。

3 将 B 倒入锅中加热，煮至黏稠且变成焦糖色，再趁热将 2 全部倒入锅中，使面段粘满水饴。

4 将做好的花林糖摊放在烘焙纸上，注意每根之间要留点空隙，不要粘在一起，放置到外面的水饴干掉为止。

要点
水饴不要煮过头，否则挂水饴的时候容易出现结晶。因为量比较多，所以最好将面段分两次放入。

小贴士
当外面的水饴完全干掉后，将花林糖装入放有干燥剂的保存容器中保存。由于花林糖比较容易受潮，所以最好放到密闭性较好的容器或食品袋里保存。

冲绳甜甜圈

材料（20个的量）

混合自发粉········· 1袋（200g）
鸡蛋····························· 2个
黑砂糖··························50g
煎炸用油····················· 适量

冲绳甜甜圈
这是冲绳特有的炸甜甜圈。它既
是冲绳人日常的甜点，也是一种
节日贡品。

制作方法

1 将鸡蛋打入碗中并用打蛋器搅匀，放入
   黑砂糖后再继续搅拌至顺滑。加入混合
   自发粉继续搅拌，直至看不到面粉粒。

2 将煎炸用油加热到160℃，将1中的面
   糊修整成丸子状，再用勺子放入到锅中，
   在勺子上涂上薄薄的一层油（分量外）
   会更加容易操作。

3 当炸至甜甜圈表面呈金黄色且表面裂开
   时，将其放到冷却网上冷却控油。

小贴士
仔细沥掉甜甜圈上多余的油。
完全冷却后，放入铺有烘焙
纸的保存容器中，盖上盖子
保存。

常温
2~3天

牛奶水果冻

材料（6个直径5cm的铝模的量）

牛奶····························· 300mL
琼脂粉··························· 2g
砂糖···························· 50g
樱桃罐头························· 1盒
樱桃罐头汁······················ 2大勺
※ 也可以按照自己的喜好使用橘子
罐头或菠萝罐头等。

制作方法

1 锅中倒入100mL的水，加入琼脂粉和
一半牛奶后，一边用锅铲搅拌一边加
热。煮沸后改成小火再煮2分钟左右。

2 关掉火后加入砂糖并搅拌至其化开，
再将剩下的牛奶和罐头汁倒入锅中搅
拌均匀。

3 将锅底浸入冰水里冷却，然后将锅里
的汤汁倒入模具中，再把樱桃撒到里
面，最后放入冰箱冷藏凝固。

小贴士

做好的甜点可以和模具一起
放到保存容器里，再盖上盖
子放入冰箱冷藏。也可以将
每个模具都用保鲜膜包上再
放入冰箱冷藏。吃的时候可
以从模具里倒出后再吃，也
可以直接舀着吃。

杏仁豆腐

材料（4人份）

牛奶……………………………… 520mL
鲜奶油…………………………… 100mL
杏仁霜………………………………30g
明胶粉………………………………10g
砂糖…………………………………50g

[糖水]

砂糖…………………………………40g
水……………………………… 100mL

制作方法

1　在容器中倒入2大勺水，将明胶粉筛入容器中浸泡。

2　把一半牛奶、砂糖和杏仁霜倒入锅中加热，煮沸后把火关掉。把1倒入锅中并用锅铲搅拌，待明胶化开后将剩下的牛奶倒入锅中。

3　把鲜奶油倒入锅中搅拌均匀后，将锅中的混合物倒入保存容器中，将容器底部坐到冰水中冷却。然后将容器放到冰箱中冷却凝固。

4　将用于制作糖水的水倒入锅中，煮沸后加入砂糖，当砂糖化开后将火关掉，把糖水倒出冷却。吃的时候把3盛到容器里，再浇上糖水就可以了。

可以在上面浇上糖水，也可以搭配芒果等水果。

注释
杏仁霜
杏仁霜是由精制的杏仁粉末和砂糖制成。也可以用杏仁精代替。

小贴士
将杏仁豆腐放在较大的保存容器中冷却凝固，把糖水放到另一个容器中，都盖上盖子并放入冰箱冷藏保存。也可以分别放到几个小杯子或瓶罐中保存。

冷藏
4天

水果果冻

材料（4个的量）

白葡萄汁	400mL
蓝莓、覆盆子	各50g
橙子	1/2 个
明胶粉	1½ 大勺
蜂蜜	1 大勺

※ 可以选择自己喜欢的水果，但新鲜的菠萝和番木瓜不易凝固在明胶中，所以最好不要用。

制作方法

1 在容器中加入 3 大勺水，将明胶粉筛到里面，搅匀后浸泡一会儿。剥去橙子皮，用刀将薄皮里的果肉取出，然后将果肉切成1cm 厚的片。

2 将白葡萄汁和蜂蜜倒入耐热容器中，用可以微波加热的保鲜膜盖在上面后，放入微波炉中加热 2 分 30 秒使蜂蜜化开。再趁热加入 1 中的明胶并搅拌至明胶化开。

3 将 2 中的耐热容器坐到冰水中，用硅胶刮刀慢慢搅拌至黏稠，再加入橙子、蓝莓和覆盆子，继续搅拌一会儿。

4 把 3 分成若干等份放入容器中，然后放入冰箱冷藏凝固 1 小时左右。

要点
当果冻液变黏稠后再加入水果，这样冷却凝固的时候水果就不会沉淀下去。

小贴士
用保鲜膜包住容器再放入冰箱冷藏。可以将果冻液倒入较大的保存容器中，也可以利用带盖子的空果酱瓶。

水果冰冻果子露

材料（6人份）

李子（小）⋯⋯⋯6个（约420g）

蜂蜜⋯⋯⋯⋯⋯⋯⋯⋯4大勺

※ 也可以使用草莓、菠萝、芒果等水果。

制作方法

1 去掉李子核，果肉带皮切成4瓣后，放到食物调理机中，加入蜂蜜并搅拌成顺滑的果酱状。

2 将果酱倒入方盘或其他容器中，放入冰箱的冷冻室冷却凝固3小时左右。当凝固一半时，取出果酱并用叉子仔细搅拌均匀，当凝固到八成时，再取出搅拌一次。

3 完全凝固后，将2放入到食物调理机中搅拌至顺滑，大概需要30秒，使果酱里面像混了空气一样松软。然后再倒入保存容器中，放入冰箱的冷冻室冷冻30分钟左右即可。

要点

在冷冻过程中取出2次并用叉子搅拌，这样可以使果子露的口感更加爽脆。

小贴士

可以直接将果子露保存在用于冷冻凝固的容器中，盖上盖子直接放入冷冻室即可。如果吃剩的果子露有些化掉，需要仔细翻搅一遍再放入冰箱冷冻。

冷冻

7~10天

75

法式牛奶咖啡冰糕

材料（4 人份）

A	速溶咖啡 ……………	2 大勺
	砂糖 ………………	6 大勺
牛奶 …………………		400mL

法式冰糕

这是一款在法式料理中作为甜点或清口用的果子露状的冰糕。加入酒精的冰糕和使用柑橘系水果制作的冰糕也很受欢迎。

制作方法

1 用 2 大勺热水将 A 化掉，再加入牛奶搅匀。

2 将牛奶咖啡倒入方盘或不会渗漏的容器中，再放到冷冻室冷冻 3 ~ 4 小时。中间取出 2 ~ 3 次并用叉子搅拌，使冰糕里进入空气。

小贴士

在冷冻期间要取出搅拌几次，然后直接冷冻保存。可以把冰糕保存到方盘或带盖子的容器中。使用金属容器冷冻，效果会更好。

黄豆粉棒

材料（4cm长的黄豆粉棒约40根）

黄豆粉·························· 100g
水饴·························· 100g
蜂蜜··························20g
装饰用黄豆粉··············· 适量

制作方法

1 将水饴倒入耐热容器中，放入微波炉加热10秒，让水饴微热并变软。然后加入蜂蜜和黄豆粉并用锅铲搅匀。

2 用保鲜膜将2包住，放置至冷却凝固。

3 把2弄成直径为7～8mm的细长棒状，然后切成约40根4cm的小条，再裹上装饰用的黄豆粉。

小贴士

放置的时间越长，外面的黄豆粉就越容易变潮，但是味道不会有什么变化。吃的时候可以再涂上新的黄豆粉。

包装方法
可以放到好看的纸杯或纸袋里。

冷藏
1周

77

冷藏
1周

橡皮软糖

材料（约20个2cm大小的软糖）

自己喜欢的果汁（图片中使用的是
可乐、乳酸菌饮料、葡萄汁、橙汁）
.... 110mL

柠檬汁 1大勺

水饴、砂糖 各40g

明胶粉（不用浸泡可直接化开的）
.... 15g

制作方法

1 将果汁、砂糖和水饴倒入锅中加热，时
而搅拌一下，至材料完全化开。煮沸后
加入柠檬汁并将火关掉。

2 在1中加入明胶粉并用锅铲搅拌至完全
化开。然后立即将锅中的混合物倒入有
壶口（注入口）的容器中，再注入涂有
薄薄一层色拉油的模具中。

3 放凉后将2放入冰箱中冷藏3小时以上，
待凝固定型后就可以将软糖从模具中取
出了。

注释
硅胶模具

耐热性较强的硅胶模具是最
适合用来做软糖的。模具有
很多种形状可供选择。此外，
硅胶模具还可以冷冻，所以
也可以用来制作冰块。

小贴士

将软糖从模具中取出后，可以
将其摆放在铺有烘焙纸的浅
底保存容器或方盘中，然后盖
上盖子或用保鲜膜包上，再放
入冰箱冷藏。

生牛奶糖

材料 (边长 2cm 的糖块 40 个)

鲜奶油·························· 180mL
牛奶···························· 20mL
黄油（有盐）···················20g
砂糖···························· 100g
蜂蜜···························· 50g

包装方法
可以用可爱的蜡纸包住糖块。

制作方法

1. 将砂糖、蜂蜜和 2 大勺水倒入锅中，盖上锅盖加热。待砂糖化开后将黄油、牛奶和一半的鲜奶油倒入锅中，盖上盖子后用小火加热 10 分钟。

2. 拿下锅盖加入剩下的鲜奶油，一边用锅铲搅拌，一边煮至黏稠。

3. 待煮至混合物呈茶色黏稠状时，将其倒入铺有烘焙纸的方盘中并将表面抹平。放凉后放入冰箱凝固。

4. 用刀将凝固好的糖切成边长 2cm 的方形。

要点
制作牛奶糖时，要在加热的时候不断搅拌。当煮成茶色黏稠状，刚好要出现白色小细泡时关火。

小贴士
冷却凝固后再用刀切开，然后用蜡纸将各个糖块包起来，这样糖块就不会粘在一起了。然后将糖装到保存容器中放入冰箱冷藏。

冷藏
1周

虾饼

材料（适量）

粳米粉	100g
樱花虾	4大勺
青海苔	1小勺
盐	少许
煎炸用油	适量

制作方法

1 将粳米粉倒入碗中，加入100mL的水，将米粉揉到耳垂的硬度即可。

2 将樱花虾和青海苔加入1中并搅拌均匀，用手将米糊抻成一个个薄薄的圆饼。

3 米饼放到加热至中温的煎炸用油中，将两面炸至焦黄。沥去表面多余的油后，在上面撒上盐即可。

要点
为了便于煎炸，用手将米糊弄成小小薄薄的圆形。

小贴士
炸好后仔细沥掉多余的油，完全冷却后将虾饼装到放有干燥剂的保存容器或可以密封的食品袋中保存。

常温
1周

奶酪咸饼干

材料（适量）

A 低筋面粉 …………… 100g
　奶酪粉 ……………… 3大勺
　盐 …………………… 少许
　粗磨黑胡椒 ………… 1小勺
　橄榄油 ……………… 2大勺

制作方法

1 将 A 倒入碗中快速搅拌，加入橄榄油后再稍微搅拌一下。分 2 次加入水，每次加 1 大勺，每次加完水后都要用手和面，将面揉成一团后用保鲜膜包住，放置 30 分钟左右醒面。

2 将烘焙纸切成烤盘的大小，把 1 中的面团放在烘焙纸上用擀面杖擀成厚 1mm 左右的圆形面皮。

3 将 2 中的面皮切成两半，然后再用刀在面皮上划出 2cm 宽的切线。用叉子在面皮上戳小孔（如果可以，最好戳成等间距的小孔，这样做出来的饼干会更好看），最后将面皮放入预热到 180℃的烤箱中烤 15~20 分钟。

要点
将放在烘焙纸上的面团擀成薄薄的圆形面皮后，用刀在面皮上划出切线，再用叉子在面皮上戳小孔，这样饼干会烤得更好。

小贴士
冷却后，将饼干装入放有干燥剂的保存容器或食品袋里并密封，然后放置到湿气较少的地方保存，这样可以更好地保持饼干的风味。

小孩和男性也喜欢的
巧克力浇汁甜点

除了饼干、陈皮等这些巧克力的常见搭档外，吃起来又甜又咸的薯片、烤薄饼和巧克力的组合也逐渐开始受到人们的喜爱。它们制作起来非常简单，不仅可以当做孩子的日常零食，男性也会非常喜欢。除此之外，大家还可以尝试不同的组合搭配。

制作方法

1 将切碎的巧克力倒入耐热容器中，不用覆盖保鲜膜，直接将碗放到微波炉中用低温加热（300W 以下）40 秒，然后取出用硅胶刮刀轻轻搅拌一下，再放入加热 40 秒（也可以用隔水加热的方法化开巧克力）。

2 当巧克力化开到一半时停止加热，一边搅拌至顺滑，一边用余热将巧克力全部化开。

3 将事先准备好的薯片等点心浸入到 2 中，然后放到烘焙纸上直至巧克力凝固。

※ 用隔水加热的方法化开巧克力时，注意温度不要太高。锅里的水要少放点，不要直接将碗底坐到热水中，要利用蒸汽慢慢地将巧克力化掉。

蔬菜片
（南瓜片、红薯片）

薯片

棉花糖

柿籽

饼干

杏干　　　　陈皮

小贴士

待巧克力凝固后，将食物装入放有干燥剂的保存容器或食品袋里保存。可以常温保存，但夏天的时候最好冷藏。薯片和饼干要在变潮之前吃完。水果干和坚果的保存时间相对较长。总之，要根据食物的保存情况适时吃完。

第四章

适合当作礼物的
晴日甜点

将本章介绍的甜点作为慰问品或小礼品一定会得到夸奖。
带着甜点去拜访亲友，大家一起分享快乐与美味。如果是
自己做的甜点就更让人高兴了。本章还介绍了把甜点包装
得漂亮且易携的包装方法。

常温
5天

幸运饼干

材料（12个的量）

低筋面粉……………………20g
鸡蛋清……20g（半个鸡蛋的量）
糖粉………………………20g
黄油（无盐）……………………25g

制作方法

1　准备好小纸条。将经过室温软化的黄油装到
　碗中并用硅胶刮刀搅拌，筛入糖粉后继续仔
　细搅拌。将恢复到室温的蛋清分2 ~ 3次加
　入碗中，每加一次都要搅拌均匀。再筛入低
　筋面粉并搅拌均匀。

2　在烤盘上涂一层薄薄的黄油（分量外），用
　小勺将面糊（不到1勺）舀到烤盘上，一次
　舀5~6勺，每勺面糊之间要留出间隔，再用
　勺背将面糊修整成薄薄的圆形（第一次做时，
　每次只做3个就可以了）。

3　将2放入预热到180℃的烤盘中烤5~7分钟。
　用锅铲取出薄饼后，戴上手套拿住薄饼并把
　纸条放在上面，再将薄饼对折。接着利用锅
　的边缘等部分将饼折出特有的凹陷。快速地
　完成这一步骤，定型后放到冷却网上冷却。

4　重复2、3，以同样的方法制作剩下的面糊。

要点

刚考好的饼干比较软，
所以要趁热将纸条放在
上面并对折，然后利用
锅的边缘制作出幸运饼
干特有的凹陷造型。如
果饼干变硬了，可以再
重新烤一下。

爆米花

材料（适量）

做爆米花用的玉米⋯⋯⋯⋯⋯⋯40g
色拉油⋯⋯⋯⋯⋯⋯⋯⋯⋯10mL

[焦糖爆米花]
A 砂糖⋯⋯⋯⋯⋯⋯⋯⋯80g
　水⋯⋯⋯⋯⋯⋯⋯1大勺
黄油（有盐）⋯⋯⋯⋯⋯⋯20g

[奶酪爆米花]
奶酪细丝（也可以将荷兰伊顿干酪
　或切德干酪磨成细丝）⋯⋯40g
黄油（有盐）⋯⋯⋯⋯⋯⋯10g
胡椒⋯⋯⋯⋯⋯⋯⋯⋯⋯少许

制作方法（步骤 1 是两种爆米花通用的）

1 将色拉油和玉米倒入煎锅中，拌匀后盖上锅盖并用小火加热。当玉米开始蹦的时候要不时地摇晃一下锅，当玉米都爆开时拿下锅盖并把火关掉。

2 [制作焦糖爆米花] 将 A 倒入锅中，盖上锅盖加热。当砂糖化开，颜色变成茶色时将火关掉，将 1 中全部的爆米花和黄油倒入锅中并搅拌均匀。将爆米花倒在烘焙纸上，摊开放置，直至焦糖凝固。

[制作奶酪爆米花] 将黄油放入煎锅中并用小火加热，将 1 中全部的爆米花和奶酪倒入锅中，用锅铲搅拌直至奶酪均匀地裹在爆米花上。当奶酪变硬后将火关掉，再将胡椒撒在上面。

注释

做爆米花用的干玉米

可以在烘焙用品店或食材店买到。

小贴士

将爆米花摊开放置，直到焦糖和奶酪凝固。保存容器中要多放些食品干燥剂，然后将爆米花放到保存容器或食品袋里密闭保存。

常温
5天

奶酪爆米花

焦糖爆米花

常温
3天

巧克力蛋糕

材料（1个直径18cm的蛋糕模
具的量）

苦味巧克力（烘焙用）	120g
可可粉	1大勺
低筋面粉	30g
细砂糖	80g
黄油（无盐）	80g
鸡蛋	3个
糖粉	适量

制作方法

1 将鸡蛋的蛋黄和蛋白分开。把切碎的巧克
力和黄油一起放入碗中，用隔水加热的方
法化开后，将碗从热水中取出，再一边慢
慢倒入搅匀的蛋黄，一边搅拌均匀。

2 将蛋白倒入另一个碗中，一边用打蛋器打
发，一边分3次加入细砂糖，打发至拿起
打蛋器时，蛋白霜会在上面形成稳定的三
角形。

3 将1/3的2倒入1中，用硅胶刮刀快速搅
拌，搅匀后筛入可可粉和低筋面粉并用力
搅拌。将剩下的2也倒进碗中，再用力搅
拌均匀。

4 把3倒入铺有烘焙纸的蛋糕模具中，放入
预热到180℃的烤箱中烤10分钟，待温度
降到160℃后，再烤25分钟左右，然后冷
却。冷却后将蛋糕从模具中取出，吃之前
在上面撒上糖粉。

要点

在打发蛋白的过程中，分3
次加入细砂糖，每次加入都
要搅拌均匀。打发至拿起打
蛋器时，蛋白霜会呈稳定的
三角形挂在上面。

小贴士

蛋糕完全冷却后，将其用保
鲜膜包好，再装到保存容器
中并放入冰箱冷藏。做好立
即就吃也很好吃，但放2天
后口感会更细腻。

抹茶蛋糕

材料（1个直径15cm的蛋糕模具的量）

白巧克力（烘焙用）…………80g

A | 低筋面粉 ……………………35g
  | 抹茶 ……………………………5g

细砂糖………………………………60g

黄油（无盐）………………………80g

鸡蛋 ………………………………2个

装饰用糖粉、抹茶……… 各适量

制作方法

1. 鸡蛋恢复到室温后，将鸡蛋的蛋黄和蛋白分开。将黄油切成边长1.5cm的小块。将A放到一起过筛。把巧克力切碎。如果蛋糕模具不是氟化树脂材料的，则需要在模具上面涂上黄油（分量外）并铺上烘焙纸。

2. 将巧克力和黄油装入碗中，用隔水加热的方法化开，加热时要不断地用打蛋器搅拌。然后从热水中拿出碗，再加入蛋黄。一次只加入一个蛋黄，每次加入后都要把混合物搅拌至顺滑。

3. 将蛋清和1小撮细砂糖放到另一个碗里，然后用打蛋器打发。把剩下的细砂糖分2次加入碗中，打发至拿起打蛋器时，蛋白霜会呈稳定的三角挂在上面即可。

4. 把1/3的蛋白霜加入2中，用硅胶刮刀仔细搅拌。再加入A，用刮刀从锅底向上搅拌。把剩下的蛋白霜分两次加入其中，为了防止消泡要快速搅拌。

5. 将蛋糕糊倒入模具后放到烤盘上，再放入预热到170℃的烤箱中烤40分钟左右。然后放到冷却网上放凉。将蛋糕从模具中取出，再用网筛将糖粉和抹茶筛撒到蛋糕上。

小贴士

待蛋糕完全冷却后，再用保鲜膜包住放到保存容器中冷藏保存。放置一段时间再品尝，蛋糕的口感会更加细腻美味。

冷藏
1周

87

水果磅蛋糕

材料（1个 20cm×8cm×7cm 磅蛋糕模具的量）

A｜低筋面粉 ················ 150g
　｜泡打粉 ················ 1/2 大勺
　｜砂糖 ·················· 80g
　黄油（有盐）·············· 80g
　鸡蛋 ···················· 2 个
　牛奶 ·················· 2～3 大勺
B｜玄米麦片 ············· 1 杯（30g）
　｜杏干 ·················· 3 个
　｜葡萄干 ················ 20 粒

制作方法

1　将黄油切成边长 1cm 的小块，再放入冰箱中充分冷却。按照模具的形状将烘焙纸裁成适合的形状，然后铺在模具上。用手将 B 中的玄米麦片碾碎，把杏干切成 5mm 厚的小块。

2　将 A 一起筛进碗里，再加入黄油，然后一边用手指尖将黄油碾碎，一边搅拌均匀。当面粉和黄油融合到一定程度时，用手掌将面粉揉搓成肉松状。

3　将搅匀的鸡蛋和牛奶倒入 2 中并快速搅拌，然后加入 B 并搅拌均匀。

4　将 3 中的面糊倒入蛋糕模具中，从 10cm 高的地方磕落几次，排出里面的空气，再使面糊中间凹陷下去。然后放入预热到 180℃的烤箱中烤 40~45 分钟。

要点
用手将面粉和黄油揉搓成肉松状。当面糊变蓬松时，将装有面糊的碗放入冰箱中，当黄油变硬时再次搅拌均匀。

小贴士
当蛋糕变凉后，用保鲜膜包住再放入冰箱冷藏，以保持细腻的口感。如果担心蛋糕变干，可以在蛋糕上浇上少许白兰地，然后再用保鲜膜包住冷藏保存。

可以选择自己喜欢的水果干。搭配鲜奶油或冰激凌食用也非常好吃。

香蕉蛋糕

材料（1个12cm×18cm的长方形模具的量）

香蕉	1大根
核桃仁	100g
柠檬汁	1小勺
A 低筋面粉	250g
泡打粉	1小勺
细砂糖	120g
黄油（无盐）	180g
鸡蛋	2个

制作方法

1 将 A 混合在一起过筛，把黄油放到室温下软化。香蕉捣碎后浇上柠檬汁。把核桃仁弄碎。把烘焙纸铺在模具里。

2 将黄油装入碗中，分 2 ~ 3 次加入细砂糖，用打蛋器搅拌至发白。将鸡蛋搅匀后，一边慢慢倒入碗中，一边搅拌。

3 将香蕉加入 2 中，用打蛋器搅拌均匀，然后将 A 筛到碗里并搅拌均匀，再加入核桃仁搅匀。最后将蛋糕糊倒入模具中，放入预热到 170℃的烤箱中烤 40~50 分钟。

4 把竹扦插入蛋糕，如果竹扦上什么都没粘上，就可以将蛋糕从烤箱中取出来了。然后取下模具，将蛋糕放到冷却网上冷却。当蛋糕放凉后，剥下烘焙纸并将蛋糕切片。

要点

将蛋糕糊倒入模具中并放到烤箱中烘烤。烤好后待蛋糕放凉，用刀切成薄片。

注释

没有模具时

如果没有模具，可以将蛋糕糊倒入铺有烘焙纸的烤盘中烘烤。这里是将蛋糕糊倒入边长 27cm 大小的烤盘中，再抹平表面，然后放入烤箱中烤 20~30 分钟。

小贴士

如果需要放置 2 天以上，待蛋糕完全冷却后，就用保鲜膜或锡箔纸包住蛋糕，再装到保存容器里并放入冰箱冷藏。蛋糕在常温下放置 3~4 天是没有问题的。

豆浆甜甜圈

材料（8个的量）

A | 低筋面粉 ················· 150g
　| 泡打粉 ··················· 1小勺
豆浆 ······················ 85mL
黄糖 ······················ 30g
色拉油 ···················· 1大勺
扑面用低筋面粉、装饰用砂糖、煎炸用油···各适量

制作方法

1. 将豆浆和黄糖倒入碗中搅拌均匀，再加入色拉油搅拌，然后将 A 筛入碗中，用硅胶刮刀搅拌均匀。
2. 将 1 取出，放到撒有扑面的面板上，揉成面团后切成 8 等份。将每份都揉成面团并用手指在中央戳出一个孔，将面团弄成甜甜圈的形状。
3. 将煎炸用油加热到 160℃，小心地将 2 中的甜甜圈面团放入锅中。翻面 2~3 次直至表面炸成金黄色，然后放到冷却网上冷却。
4. 表面的油沥干净后，把装饰用的砂糖涂抹到甜甜圈上。

要点

将面团分成 8 等份，每份都揉成圆形面团后，用拇指在中间戳一个洞，一边将洞抻大，一边将面团弄成甜甜圈的形状。不用甜甜圈模具也可以轻松做出来。

小贴士

也可以不涂装饰用的砂糖，直接将甜甜圈放入铺有烘焙纸的保存容器中密闭保存。吃的时候再撒上砂糖也可以。

做好的甜甜圈有着豆浆特有的柔和味道和口感。

原味玛芬蛋糕

材料（6 ~ 7 个直径 5cm 的锡箔纸杯的量）

A	低筋面粉 ················· 120g
	泡打粉 ················· 1 小勺

鸡蛋··························· 1 个

砂糖··························70g

盐··························· 1 撮

牛奶························· 40mL

柠檬汁····················· 1 小勺

色拉油······················· 60mL

制作方法

1 将鸡蛋打到碗里，按顺序加入砂糖、盐、牛奶、柠檬汁、色拉油，每加一样都要用打蛋器搅拌均匀。

2 将 A 混合在一起筛到 1 中，搅拌至顺滑。

3 将纸杯放到模具里，再将 2 倒入纸杯里，然后把模具摆放到烤盘上，放入预热到 170℃的烤箱中烤 25 分钟左右。烤好后将蛋糕从模具中拿出来并放到冷却网上冷却。

小贴士

待蛋糕完全冷却后，将蛋糕摆放到保存容器中，盖上盖子在常温下或放入冰箱保存。也可以用保鲜膜将蛋糕分别包起来后保存。如果蛋糕有点变干，吃之前可以用微波炉稍微加热一下。

蓝莓玛芬蛋糕

材料（6~7个直径5cm的锡箔纸杯的量）
与左页制作原味玛芬蛋糕的材料相同，只需再加上100g蓝莓（新鲜或冷冻）。

制作方法
与制作原味玛芬蛋糕的方法相同，只需在步骤2的最后加入蓝莓（新鲜）。如果使用的是冷冻蓝莓，就不可以将蓝莓加入蛋糕糊中，在步骤3中将蛋糕糊倒入纸杯中后，把蓝莓撒在上面即可。之后的做法与原味玛芬蛋糕相同。

用较大的保存容器保存会比较方便。蛋糕可以长时间保持细腻的口感。

和朋友聚餐时可以一起分享，
当作礼物送人也很适合。

杯子蛋糕

甜甜圈

只要花一点心思就能让人心情愉悦

杯子蛋糕和甜甜圈的装饰方法

自己制作的玛芬蛋糕和甜甜圈拥有朴素又美味的味道。人们见到可爱的杯子蛋糕和甜甜圈就会不自觉地露出笑脸，它们是非常有人气的可保存甜点。如果想当作礼物送人，可以花点心思将蛋糕装饰成图中所示的模样，再装到礼品盒中。以下收集了一些非常简单，但却可以让蛋糕非常可爱的装饰方法。

只需摆在这样的盒子里，就会增强每个蛋糕的存在感。

巧克力浇汁

核桃仁顶饰

柠檬糖霜

柠檬皮顶饰

奶油奶酪
＋
蔓越莓干顶饰

打发奶油

蓝莓顶饰

蓝莓奶油奶酪

※ 玛芬蛋糕的制作方法参照
p.94～95、甜甜圈的制作方
法参照p.92。

巧克力浇汁
+
烤坚果顶饰

咖啡糖霜
+
核桃仁顶饰

草莓糖霜
+
椰丝顶饰

柠檬糖霜
+
柠檬皮顶饰

装饰奶油的做法
参照下页

顶饰

利用身边常见的食材做蛋糕顶部装饰的材料。
要在蛋糕上的奶油和糖霜未干之前放上顶饰。

核桃仁、杏仁等坚果类

（放入 170℃的烤箱中烘烤 8
分钟左右）

葡萄干、
越蔓莓干等干果类

新鲜水果

柠檬皮、橙皮

咖啡豆

椰子粉、糖粉、可可粉

蛋糕专用装饰材料

巧克力、饼干等市售甜点

....

奶油、糖霜

蓝莓奶油奶酪

将 100g 的奶油奶酪放到碗
里，加入 1 小勺砂糖搅匀，
再加入 1 大勺蓝莓酱搅拌均
匀。涂的时候可以用抹刀等
工具来涂。

糖霜

柠檬糖霜：将 85g 糖粉和
1 大勺柠檬汁倒入碗中搅拌
均匀。

咖啡糖霜：向碗里加入 2g
速溶咖啡、85g 糖粉和 1
大勺热水并搅拌均匀。

草莓糖霜：将 85g 糖粉、
适量草莓粉和 1 大勺牛奶
倒入碗中搅拌均匀。
可以将糖霜装到裱花袋里
装饰，也可以将玛芬蛋糕
等甜点直接浸在糖霜里蘸
一下（参照 p.31）。

巧克力浇汁

将 40ml 牛奶倒入锅中加热，煮沸后
将火关掉，然后加入 80g 切碎的巧
克力使其化开。可以直接将玛芬蛋
糕等甜点浸到里面轻轻蘸一下，然
后待巧克力凝固就可以了。

奶油奶酪

将 100g 奶油奶酪倒入碗中，加
入 10g 砂糖后搅拌均匀，再倒入
1 小勺牛奶搅拌均匀。涂的时候可
以用抹刀等工具来涂。

打发奶油

将 100mL 鲜奶油倒入碗中，
加入 1 小勺砂糖后打至八分
发。可以将奶油装入裱花袋里
挤出，也可以用勺子直接舀出
奶油涂抹。

巧克力派

材料（1个的量）

冷冻派皮………… 1 张（150g）
板状巧克力（7cm×14cm）
………………………… 1 块
A 搅匀蛋液 ……1/3 个鸡蛋的量
　水 …………………… 1/2 小勺

冷冻派皮
➡p.120

制作方法

1 将烤箱预热到 200℃。把 A 混合均匀。

2 将冷冻派皮从冰箱中拿出来，当派皮稍微变软时，将派皮切成边长相差 1cm 左右的 2 个长方形。将较大的派皮横向放置，竖向划 7~8 个刻痕。

3 将较小的派皮铺在烘焙纸上，中央放上巧克力，再把 A 均匀地涂在派皮四周。将较大的派皮盖在上面，用手指按压四周，让上下的派皮能够紧密地粘在一起（参照要点）。

4 将剩下的 A 都涂在派皮的表面，和烘焙纸一起将派坯放到烤箱里烤 15 分钟左右。然后将烤箱降到 180℃，再烤 15 分钟左右。

要点

将有刻痕的派皮盖在上面，用手指按压上下的派皮使其紧紧粘在一起。用手指和刀可以在派皮边缘划出漂亮的花边。如图所示，用手指将派皮按压在一起后，再用刀在派皮边缘划出刻痕。

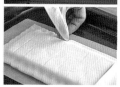

小贴士

等到巧克力派完全冷却，再放到保存容器或盒子里盖上盖子保存。如果没完全冷却就直接放到容器里，巧克力派散发出的热气就会使其清脆的口感变软。吃之前稍微热一下，派里的巧克力就会化开，味道会更好。

常温
3天

冷藏
1周

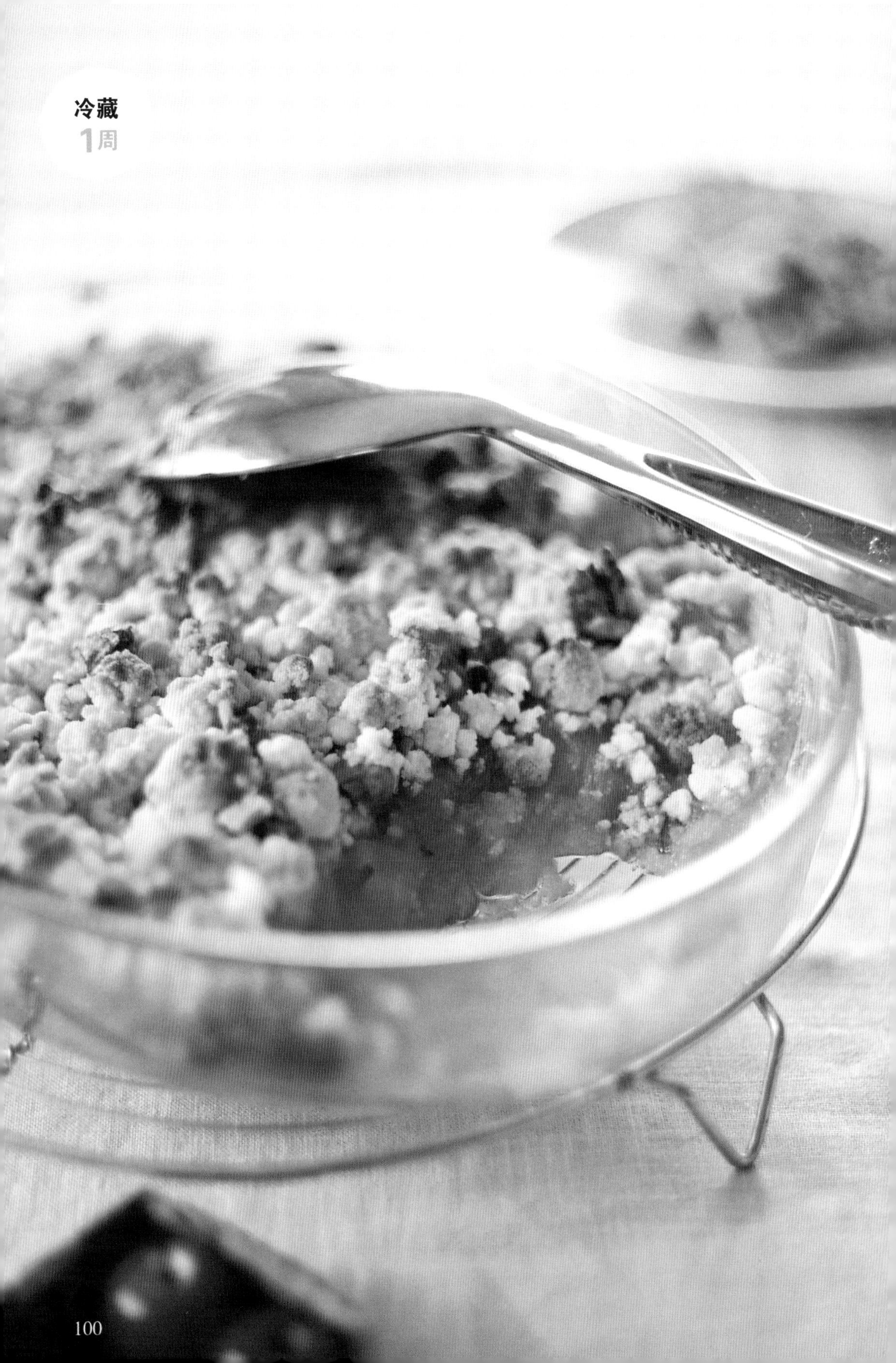

酥烤苹果

材料 (1 个直径为 26cm 的椭圆形耐热容器的量)

苹果（红玉苹果）·················· 4 个
砂糖······························· 80g
A｜低筋面粉、杏仁粉、砂糖 ········· 各 60g
黄油（无盐）······················ 60g
核桃仁···························· 35g

制作方法

1　将苹果切成 6 等份的半月形，再去皮去芯，然后将每瓣苹果切成 3 等份。将核桃仁切碎。

2　将 1 大勺水和砂糖放入锅中用大火加热，当出现颜色不均的茶色时，转动锅使颜色分布均匀。当加热到砂糖呈焦茶色时，把苹果倒入锅中并搅拌均匀。如果焦糖结晶了也没有关系，继续一边搅拌，一边用中火加热 15 分钟左右。当煮到几乎没有水分时，即可关火。

3　将 A 中的低筋面粉筛到碗里，加入砂糖和杏仁粉后大致搅拌一下。再把冷藏的黄油放到碗里，用木铲等工具搅拌，同时将黄油切碎。当黄油粒变小后，用手将面揉搓成肉松状，然后加入核桃仁搅匀。

4　将 2 装入耐热容器中并整平表面，再把 3 均匀地撒在上面。然后放入预热到 200℃ 的烤箱中烤 20~30 分钟，烤到表面呈金黄色时即可。

要点 1

将苹果和砂糖放到一起煮，即使焦糖结晶了也没有关系，加热时苹果中的水分会使结晶化开。最后将水分煮干即可。

要点 2

用手揉搓面粉，使其变成肉松状。搓到类似于小面屑的感觉就可以了。若将面屑冷藏或冷冻，则可以长期保存。

小贴士

可以直接用保鲜膜包住耐热容器，再放入冰箱保存。也可以用带盖子的保存容器直接制作保存。吃之前可以稍稍加热一下，搭配冰激凌一起吃也很美味。

冷藏
2天

冷冻
2周

法式咸蛋糕

咸蛋糕的法语是 Cake salé，意思是不甜的蛋糕。它不仅可以作为下午茶的点心，还可以当做早餐、午餐，以及搭配红酒的小点心。

橄榄番茄干豆浆咸蛋糕

材料（1 个 17cm × 8cm × 6cm 的磅蛋糕模具的量）

黑橄榄（去核）……………………60g
番茄干………………………………20g
A｜全麦粉、低筋面粉…… 各 1/2 杯
　　泡打粉……………………1/2 大勺
　　盐…………………………1/3 小勺
B｜豆浆……………………… 5 大勺
　　橄榄油、苹果汁（100% 原汁）
　　　………………………… 各 2 大勺
干罗勒……………………… 1 小勺

制作方法

1　将番茄干切成细丝，留出 1/3 的量做装饰。橄榄也要留出一点做装饰。将烘焙纸铺到模具里。

2　将 A 混合在一起放到碗里，用打蛋器搅拌均匀。将橄榄和番茄干加入碗中并用硅胶刮刀从碗底开始搅拌至均匀。

3　将 B 全部放到另一个碗里，用打蛋器搅拌均匀后倒入 2 中，然后用打蛋器搅拌至看不到粉状颗粒为止。

4　将 3 倒入 1 中的模具里，再把装饰用的橄榄、番茄干和干罗勒撒在上面。然后放入预热到 180℃ 的烤箱中烤 20~25 分钟。热气大致散去后，将蛋糕从模具中取出并放置至完全冷却。

要点

将 B 一口气倒入面粉中并用打蛋器大致搅拌。不要过度搅拌，看不见粉状颗粒即可。

小贴士

待蛋糕完全冷却后，将烘焙纸剥下来，直接用保鲜膜将蛋糕包上保存即可。吃的时候先切下要吃的量。

卷心菜乳蛋派

材料（图片中容器的尺寸约为 25cm×19cm×5cm）

冷冻派皮……………… 2 张
卷心菜…………………… 1/2 个
培根…………………… 60g
A 搅匀的蛋液
　　　…… 3 个鸡蛋的量
　鲜奶油 …………… 150mL
　牛奶 ……………… 225mL
　盐 …………………… 1½ 小勺
　肉豆蔻、胡椒
　　　……………… 各少许
比萨专用奶酪 ……… 60g

冷冻派皮
➡p.120

制作方法

1 烤箱预热到 200℃。将 2 张派皮叠放在一起，把四周宽 1cm 左右的派皮捏在一起，再用擀面杖将派皮擀得比保存容器（或方盘等模具）稍大一些。在保存容器里涂一层黄油（分量外），将派皮放到保存容器里，切掉多余的部分。用保鲜膜包住后放入冰箱冷藏 30 分钟。

2 用烘焙纸盖在 1 中的派皮上面，再用小一点的容器或器皿当做重石压在上面，放入烤箱烤 15 分钟。然后拿下重石和烘焙纸再烤 15 分钟。如果烘烤时派皮膨胀起来，就用锅铲等工具压下去。

3 将卷心菜带芯切成 4 等份后装到耐热器皿中，用可加热的保鲜膜包住，再放入微波炉中加热 4 分钟让卷心菜变软。

4 将 A 倒入碗中搅拌均匀。

5 将培根切成一口的大小。将奶酪撒到 2 上，把一半的培根也均匀地撒在上面，再放上卷心菜。倒入 4 后，将剩下的培根撒在上面，最后放入预热到 170℃的烤箱中烤 45 分钟。

要点

将卷心菜带芯烤至柔软，这样卷心菜才会又甜又好吃。由于使用了半个卷心菜，所以需要用微波炉加热，适度去除卷心菜的水分，使其缩小到恰当的大小。

小贴士

乳蛋派冷却后放到保存容器里，盖上盖子放入冰箱保存。也可以将派分成几小块，用保鲜膜分别包住后，再放入冰箱冷藏。可以直接吃，也可以加热后再吃。

冷藏
3天

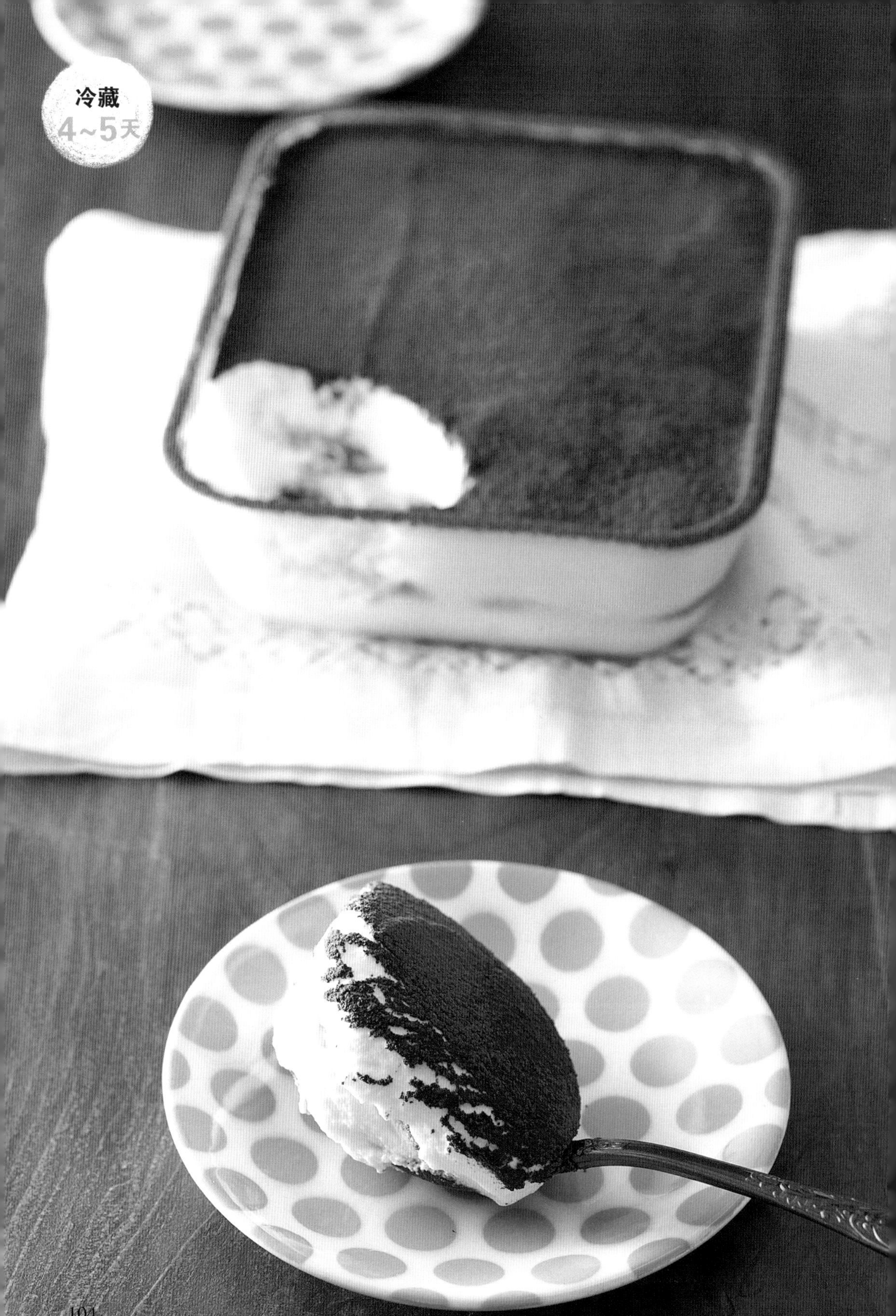
冷藏
4~5天

提拉米苏

材料（1个 22cm × 18cm × 6.5cm 的容器的量）

马斯卡普尼干酪	250g
A 鲜奶油	200mL
细砂糖	20g
细砂糖	50g
鸡蛋	2 个
速溶咖啡	3 大勺
手指饼干	20 根
可可粉	适量

制作方法

1　将马斯卡普尼干酪放入碗里，用打蛋器搅拌成奶油状。鸡蛋恢复到室温后将蛋黄和蛋清分开，将蛋黄倒入碗中搅拌至顺滑。

2　将 A 倒入另一个碗里，把碗底浸入冰水中，再将奶油打发至七分，然后倒入 1 中并搅匀。

3　将蛋清和 1 撮细砂糖放入另一个碗中，用电动打蛋器打发。再将剩下的细砂糖分两次加入碗中，每次加入都要打发。打发至提起打蛋器的时，上面能挂上稳定的三角形蛋白霜。将蛋白霜分 2~3 次加入 2 中，并用硅胶刮刀从锅底向上搅拌。

4　将速溶咖啡倒入一杯热水中化开，把一半的手指饼干浸泡到咖啡中，然后摆放到容器上。将一半的 3 倒在饼干上并抹平表面，再把剩下的饼干浸泡在咖啡中后，也同样地摆放到容器里。然后将剩下的 3 倒在饼干上并抹平表面，再用保鲜膜包好并放入冰箱冷却凝固 2 小时以上。吃之前用滤网筛上足量的可可粉。

要点

将奶油覆盖在咖啡浸泡过的饼干上，然后再同样地铺一层饼干，覆盖一层奶油。

小贴士

如果不是立即吃，就不用撒可可粉，直接盖上盖子放到冰箱里保存即可。如果没有盖子，就用保鲜膜包住。吃的时候再撒可可粉即可。

注样

马斯卡普尼干酪

它是由原产于意大利的牛奶和鲜奶油制作成的圆形奶酪。具有柔和的酸味和类似于黄油的甜味。

奶油奶酪蛋糕

材料（1 个 17cm×12cm×3cm 的盒子或直径为 18cm 的派模的量）

奶油奶酪·······························125g
全麦饼干或普通饼干·····················60g
糖粉（或砂糖）·························40g
蜂蜜·································30g

A | 鲜奶油（乳脂含量 45%）··············80g
　 | 樱桃白兰地······················2 小勺

化开的黄油（无盐）·····················40g
明胶粉································7g
酸奶油································40g
原味酸奶·······························100g

※ 樱桃白兰地也就是樱桃甜酒。如果给孩子吃，也可以不加樱桃酒。

制作方法

1 可以用较厚的纸壳做一个盒子，里面铺上保鲜膜。如果使用派模制作，就不用铺保鲜膜了。将全麦饼干捣碎后放入碗中，再放入化开的黄油并搅拌均匀，然后将饼干糊铺在模具中，下面的饼干糊要压实并使其厚度分布均匀。然后将饼干糊放入冰箱冷藏凝固。

2 用硅胶刮仔细搅拌经过室温软化的奶油奶酪，再加入酸奶油和恢复到室温的原味酸奶，并用打蛋器搅拌至顺滑，然后加入糖粉和蜂蜜搅匀。

3 将 2 大勺水倒入耐热容器中，撒入明胶粉，盖上保鲜膜后用隔水加热的方法化开。然后倒入 2 中搅拌均匀。

4 将 A 倒入碗中，碗底坐在冰水里进行打发，当打发至和饼干糊的硬度差不多时，将其倒入 3 中搅匀。

5 将 4 倒入模具中，抹平表面后放入冰箱冷藏。待完全凝固后，将蛋糕从模具中取出来，如果铺有保鲜膜，则将其取下，再用温热的刀将蛋糕切块。吃的时候可以浇上自己喜欢的果酱或蜂蜜。

要点 1
将全麦饼干挨个放到食品袋里，用擀面杖碾碎，这样可以碾得更碎。

要点 2
方盘里倒入热水，将装有明胶粉的容器放到里面。为了防止化开过程中明胶表面变干，需要在上面盖上保鲜膜。

注样
可以选择自己喜欢的模具
除了制作蛋糕经常用到的金属材质的派模外，也可以使用硅胶材质的杯形模具，而且使用这种模具很容易脱模。还可以使用纸盒（可以用工作用纸自己制作）。利用方盘或保存容器制作时，为了方便取出蛋糕，需要在下面铺上保鲜膜。

小贴士
为了防止蛋糕变干，需要用保鲜膜盖住蛋糕或盖上保存容器盖子后，再放入冰箱冷藏保存。用较小的模具制作或将蛋糕切成几块时，可以将蛋糕分别用保鲜膜包好再保存。

冷藏
4天

小贴士
用保鲜膜盖住整个蛋糕或放
入保存容器里盖上盖子后，
再放进冰箱冷藏。需要将蛋
糕切成小块再放入容器里时，
注意不要将蛋糕弄坏。

纽约奶酪蛋糕

材料（1个直径为 15cm 的活底蛋糕模具的量）

奶油奶酪	300g
鸡蛋	2 个
低筋面粉	20g
酸奶油	100mL
黄油（无盐）	30g
砂糖	80g
香草豆荚	5cm 长的 1 段
全麦饼干	70g
A 黄油（无盐）	30g
肉桂油（按自己的喜好）	1/2 小勺

制作方法

1 将全麦饼干装到塑料袋里，用擀面杖等工具擀碎，也可以用食物调理机将饼干搅碎。将 A 和饼干碎一起放到碗里并搅拌均匀，让油浸湿饼干碎。将奶油奶酪和黄油放到室温下软化。烤箱预热到 160℃。

2 用两层锡箔纸将蛋糕模具的外面包住，模具里涂上一层黄油（分量外），将 1 中的饼干碎铺到模具里，用杯底均匀地压实。

3 将奶油奶酪和黄油倒入碗中打发成奶油状，加入砂糖和从豆荚中取出的香草籽（参照 p.25）后搅匀。再筛入低筋面粉并搅拌均匀，逐个将鸡蛋打入碗中，每次打入都要搅拌均匀。最加入酸奶油搅匀。

4 将 3 倒入 2 的模具中，抹平表面后将模具放到铺有抹布的烤盘上，往烤盘里倒入热水（参照要点 2），然后放入烤箱中烤 45 分钟左右。蛋糕热气散去后放入冰箱中完全冷却，然后拿掉模具。

盖上盖子，保持整个蛋糕的细腻口感。

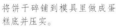
要点 1
将饼干碎铺到模具里做成蛋糕底并压实。

要点 2
将抹布铺在烤盘上，放上蛋糕模具，再把热水倒入烤盘里，然后将烤盘放入烤箱中蒸烤。利用水蒸气烤出的蛋糕口感会更绵润。

香蕉椰子派

材料（1 个直径为 18cm 的活底派模的量）

[派皮]

低筋面粉……………………	100g
蛋黄…………………………	1 个
黄油（无盐）………………	60g
糖粉…………………………	20g
盐……………………………	1 撮

[馅料]

香蕉…………………………	1½ 根
椰子粉………………………	60g
鸡蛋…………………………	1 个
酸奶油………………………	90mL
低筋面粉……………………	15g
砂糖…………………………	40g

制作方法

1　制作派皮。将经过室温软化的黄油装到碗里搅拌成奶油状，然后加入糖粉和盐并搅拌均匀，再加入蛋黄搅匀。将低筋面粉筛到碗里，搅拌均匀后揉成面团。将面团用保鲜膜包住，放到冰箱里冷藏 30 分钟。

2　将面团放到保鲜膜上，再擀成 3mm 厚的圆形面皮，然后铺到涂有一层黄油（分量外）的模具里，沿着模具边缘将溢出的面皮切掉，再包上保鲜膜放入冰箱冷藏 1 小时左右。将烤箱预热到 160℃。

3　拿掉 2 中的保鲜膜，在面皮上铺上烘焙纸，再放上重石，放入烤箱烤 15 分钟左右，然后拿掉重石和烘焙纸，再烤 10 分钟。

4　制作馅料。将酸奶油倒入碗中，加入砂糖搅拌，再加入鸡蛋搅匀。然后筛入低筋面粉，再倒入椰子粉后搅拌均匀。

5　将 4 倒入 3 中并将表面抹平，把香蕉切成 1cm 厚的圆片后摆放在馅料上面。

6　把 5 放在烤盘上，放入预热到 170℃的烤箱中烤 30 分钟。放凉后取下模具。

要点

烤制派皮时，需要在派皮上面铺上烘焙纸再放上重石，以防派皮过度隆起。如果没有烘焙重石，也可以用黄豆或红豆等替代。

小贴士

等到香蕉椰子派完全冷却后再装到保存容器中，盖上盖子后放入冰箱冷藏保存。如果将派切割成小块，就先用保鲜膜分别包好再保存。

椰子粉
➡p.120

等到完全冷却且派皮定型后，再取下派模分切。

红茶戚风蛋糕

材料（1个中型戚风蛋糕模具的量）

红茶（格雷伯爵红茶）·····················1大勺
低筋面粉···50g
细砂糖···40g
盐···1撮
橄榄油···25mL
蛋黄···2个
蛋清···3个鸡蛋的量
牛奶···60mL

制作方法

1　蛋黄在室温下回温，蛋清放在冰箱里冷却。将牛奶倒入锅中加热，在马上要沸腾之前把火关掉，再倒入红茶茶叶，盖上锅盖。当红茶浸泡出香味后，用茶滤过滤出50mL的奶茶，然后冷却。

2　将蛋黄和20g细砂糖放入碗中，用打蛋器搅拌至蛋黄发白。再依次一点点地加入 1 中的奶茶和橄榄油，每次加入都需要搅拌均匀。也可以按照自己的喜好再加入一些切碎的茶叶（分量外）。

3　将低筋面粉过筛后分2次倒入碗中，每次加入都要充分搅拌。

4　将蛋清放入较大的碗中用打蛋器打发，当打发至出现细小的泡沫时，加入盐并将剩下的20g砂糖分3次加入，每次加入都要充分打发。打发至拿起打蛋器时，蛋白霜在上面形成稳定的三角形即可。

5　将约一半的 4 放入 3 中搅匀，再将剩下的一半加进去并用硅胶刮刀搅拌均匀，搅拌的时候尽量不要将泡沫弄破。

6　将面糊倒入戚风蛋糕模中，倒完后拿起模具用力在桌上磕 2~3 下，震出里的大气泡。然后放入预热到160℃的烤箱中烤30分钟左右。用竹扦插入蛋糕，若竹扦上没有粘上面糊，就说明已经烤好了，可以直接将蛋糕连带模具一起倒扣在有瓶颈的瓶子上冷却。吃的时候可以搭配自己喜欢的奶油一起吃。

要点 1

打发是制作戚风蛋糕中最重要的一步。将蛋清充分打发，和面糊混合时，一定注意不要将气泡弄破。

要点 2

烤好后，将戚风蛋糕连带模具一起倒扣在有瓶颈的瓶子上冷却。这样在冷却的时候，蛋糕就能够一直保持松软的状态。

小贴士

蛋糕完全冷却后取下蛋糕模具，再放入容器中保存。保存的时候可以将大小合适的杯子放在蛋糕的空心处，然后用保鲜膜将蛋糕包住。此外，也可以将蛋糕放到较深的密闭容器中，再放入冰箱冷藏。

柠檬磅蛋糕

材料（1个17.5cm×8cm×6cm的磅蛋糕模具的量）

低筋面粉·····75g
细砂糖·····75g
柠檬皮细丝（外皮涂蜡量较少的）···1/2个柠檬的量
黄油（无盐）·····90g
鸡蛋·····2个

A | 杏子果酱·····60g
   | 水·····2小勺

B | 糖粉·····100g
   | 柠檬汁·····2小勺
   | 水·····1大勺

制作方法

1　将鸡蛋放在室温下回温。低筋面粉过筛。在磅蛋糕模具中铺上烘焙纸。

2　将黄油切成边长2～3cm的小块后放入锅中，一边用小火加热一边搅拌，当黄油表面冒起细小的泡且变成茶色时停止加热。用过滤纸过滤黄油，制成褐化黄油。

3　将鸡蛋打入碗里，用打蛋器轻轻搅拌均匀，加入砂糖和柠檬皮并搅拌至黏稠。然后放入低筋面粉，并用硅胶刮刀从碗底由下至上搅拌。

4　将少量的 3 加入 2 中搅匀，然后再倒回 3 中并快速搅拌，直至将面糊搅拌出光泽。把面糊倒入蛋糕模具中，再把模具放到烤盘上，然后在预热到160℃的烤箱中烤45分钟左右。

5　烤好后取下蛋糕模具，放在冷却网上冷却。完全冷却后拿掉烘焙纸，用刀仔细切掉四边，露出整齐的切面。

6　将 A 倒入小锅中加热，煮沸后取适量均匀地在 5 的表面涂上薄薄的一层。将 B 搅拌均匀后，用抹刀等工具将糖霜均匀漂亮地涂在整个蛋糕表面。

要点 1
将蛋糕底朝上放到冷却网上冷却，再用刀仔细切掉四边。

要点 2
涂完果酱后，用抹刀等工具漂亮地将糖霜涂在蛋糕表面。

小贴士

如果想保存得久一点，涂完糖霜后可以将蛋糕放入预热到220℃的烤箱中烤1分钟，这样糖霜会凝固得更好。用保鲜膜包好后放入带盖子的容器中保存。夏天的时候需要冷藏，可以保存4~5天。

无比派

材料（8 个直径 5 ~ 6cm 派的量）

板状巧克力·························· 1 块（55g）

[巧克力软饼干]

A | 低筋面粉 ························· 80g

　| 泡打粉 ···················· 1/2 小勺（3g）

　| 可可粉 ··························· 20g

搅匀蛋液 ··················· 1/2 个鸡蛋的量

黄油、原味酸奶 ·················· 各50g

细砂糖·························· 50g

牛奶························· 1/4 杯

[棉花糖霜]

黄油····················· 20g

棉花糖···················· 100g

要点

用勺子直接将面糊舀到烤盘
上并整成圆形，这样比使用
裱花袋要方便得多。因为每
2 块饼干为一组，所以大小
要一样。

小贴士

用锡箔纸或蜡纸分别把无比
派包起来，再放到保存容器
或食品袋里保存。夏天最好
冷藏。

制作方法

1 烤制巧克力软饼干。将经过室温软化的黄油放入碗中，
加入细砂糖后用打蛋器搅拌，搅拌至黄油像包裹了空气
一样松软且变成白色即可。再依次加入蛋液和酸奶搅拌
均匀。

2 将 A 混合在一起，筛入一半到 1 中并快速搅拌均匀。
再将牛奶倒入 1 中搅匀，然后倒入剩下的 A，用硅胶刮
刀从碗底向上搅拌，搅拌到看不到粉末颗粒即可。

3 将烘焙纸铺在烤盘上，用勺子舀出 1 勺 2 放在上面，
并修整成直径 4cm 左右的圆形，先用一半的 2 制作 8
个这样的圆形面糊，互相之间要留出一定的空隙。手指
蘸上水后将面糊表面弄平，然后放入预热到 180℃的烤
箱中烤 15~20 分钟。

4 当烤到面糊鼓起，按压有弹性时，就说明烤好了。然后
将饼干放到冷却网上冷却。剩下的面糊也用一样的方法
烘烤（如果烤箱中可以放入 2 个烤盘，一次即可烤完）。

5 制作棉花糖霜。将黄油倒入耐热的碗里，不用盖保鲜膜，
直接放入微波炉中加热 10~20 秒，然后放入棉花糖，用
硅胶刮刀搅拌至棉花糖完全化开。

6 趁 4 还热的时候，将 5 等分成 8 等份并分别夹到两块
饼干中间，饼干平滑的那面朝里。如果饼干不能很好地
粘在一起，可以将棉花糖霜放到还有余温的烤箱中，让
棉花糖更好地化开。

7 将切碎的巧克力放到碗中，用隔水加热的方法化开，然
后将化开的巧克力均匀地涂抹在 6 中的饼干上，可以
用勺子等工具薄薄地涂开。

无比派

无比派是美国的传统点心，它是用巧
克力软饼干夹住棉花糖制成。市场上
也可以买到这种"棉花糖派"。

栗子羊羹

材料（1个 14cm×11cm×4cm
的模具的量）

栗子甘露煮	7 ~ 8 个
琼脂粉	4g
红豆沙	250g
细砂糖	100g
水饴	50g

制作方法

1 将栗子甘露煮的汤汁倒掉，用厨房用纸把栗子表面的汤汁擦干。每个栗子都切成4等份，装饰用的栗子切成9块后单独放起来。

2 将琼脂粉和250mL的水放入耐热的碗中，用打蛋器搅拌均匀，不用盖保鲜膜，直接放到微波炉中加热5分钟。取出后加入红豆沙、细砂糖和水饴，并用打蛋器搅匀，不盖保鲜膜，再次放入微波炉中加热4分钟直至沸腾。然后取出搅拌，搅拌后再加热4分钟。

3 从微波炉取出 2 后，用硅胶刮刀快速搅匀，在另一个碗里放入冰水，将耐热碗的碗底浸在冰水里，一边用硅胶刮刀慢慢搅拌，一边冷却。

4 将切好的栗子倒入 3 中搅匀，然后倒入模具中。摆上装饰用的栗子，再放在室温下冷却凝固。最后脱模并把羊羹切成9等份。

要点

将装饰用的栗子均匀地摆放在上面后，用手指将栗子按压下去，让一半栗子浸在里面，一半露在外面，这样栗子就会很好地固定下来。

小贴士

在常温下等到琼脂凝固后，将羊羹切成小块，放到密闭容器中，再放到冰箱冷藏。冬天可以在常温下保存。

轻羹杯

材料（8个直径4cm高4cm杯子的量）

山药……………	净重40g
粳米粉…………	50g
泡打粉…………	1/6小勺
细砂糖…………	70g
豆馅……………	120g

轻羹馒头

轻羹是以鹿儿岛为代表的九州地区特有的日式传统点心。它是用山药蒸制而成，是一种又轻巧又黏糯的糕点。

制作方法

1 削去山药皮，皮要削得厚一点，然后将山药研碎，准确量出40g。将研碎的山药装入碗中，加入细砂糖后用打蛋器搅拌均匀。当搅拌出光泽后将60mL的水分2~3次倒入碗中，再搅拌至顺滑。

2 将粳米粉和泡打粉一起筛到1中，用打蛋器充分搅匀，然后用拧干的毛巾盖在上面，放置30分钟左右醒面。

3 用勺子将面糊装到杯子里，每个杯子先盛半杯。将豆馅分成8等份，每份都揉圆再分别放入杯中。然后将剩下的面糊倒入杯中。最后将杯子放到已经加热到有蒸汽冒出的蒸煮器皿中，用中火蒸7~8分钟。

要点

加入研碎的山药可以增加黏糯的口感。放置一段时间也不会影响口感，吃之前稍微加热一下就很好吃。

小贴士

为了防止轻羹表面变干，完全冷却后需要将轻羹放到保存容器里，再放入冰箱密封保存。也可以用保鲜膜包住后再冷藏。

本书中出现的
食材

下面为大家介绍本书中使用的基本食材。如果在蛋糕材料专卖店买不到，在网上买也很方便。

糖
普通精制的砂糖。在没有特别注明的情况下，本书中使用的糖均是上白糖或细砂糖。

低筋面粉

用于做西式糕点的面粉。这种面粉蛋白质含量较少，黏性不强。

杏仁粉

由杏仁研磨成的粉末，具有浓郁的香味。

细砂糖

结晶较细，纯度较高的精制砂糖，具有清爽的甜味。

高筋面粉

经常用于做西式馅饼（派）和扑面（在制作面类食品时撒在面板或手上防止粘附面糊）。蛋白质含量较高，黏性较强。

椰子粉

将干燥的椰子粉碎后，研磨成的粉末，具有独特的甜香风味。

黄糖

黄糖是由甘蔗制成的，含有丰富的矿物质，具有浓郁、质朴的风味。

全麦面粉

小麦不经去除麸子和坏芽，直接研磨成的面粉。制作糕点还是用低筋面粉较好。

白玉粉（糯米粉）

以糯米为主要原料制成的粉末，是制作汤圆、大福、牛皮糖等甜点的主要材料。

糖粉

将纯度较高的细砂糖研磨成较细的粉末就可以制成糖粉。在制作饼干、西式馅饼或糖霜时经常使用。

泡打粉

也叫面起子。是做饼干等面点时使面团膨胀的膨胀剂，主要成分为碳酸氢钠和酒石酸。

琼脂粉

粉末状的琼脂，加水并加热至溶解后使用。使用起来比较简单。

冷冻派皮

派皮冷冻后制成的售卖品。可以省去费时的派皮制作过程，非常便利。

干酵母

干酵母的酵母菌处于休眠状态，推荐使用起来比较方便的颗粒状的即食干酵母。

明胶粉

粉末状的明胶。将明胶粉倒进水中浸泡后使用。如果反过来将水倒入明胶粉中，则很容易凝结成块，所以使用过程中一定要注意。

香草籽

由香草的豆荚发酵而成。发酵完成后，取出里面很小的黑色种子使用。它具有非常浓厚的甜香。

基本技巧

让我们来了解一下本书中经常出现的烹饪用语及其具体做法。

打发鲜奶油

将鲜奶油倒入碗中，再将碗底浸入盛有冰水的容器中，一边冷却一边打泡。

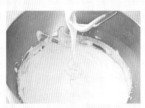

六分发

六分发是指用打蛋器舀起奶油时，奶油呈黏稠状且缓慢滴落的状态。

八分发

八分发是指用打蛋器舀起奶油时，奶油会在打蛋器上形成三角形，并且会缓慢地流动但不会掉落下去。

九分发

九分发是指用打蛋器舀起奶油时，奶油会在打蛋器上形成稳定的三角形。此时需要注意的是，如果打发过度，会出现油脂分离的情况。

制作蛋白霜

将蛋清和砂糖倒入碗中。

完成状态

用打蛋器舀起蛋清时，能够形成稳定的三角形，就表示已经打发好了。

隔水加热

准备一个较大的锅，加水煮沸，然后再将装有黄油等材料的碗坐入水中，缓慢加热使黄油化开。将碗坐入水中后需要将火关掉或改用小火加热。

戳孔

在制作派皮或西式馅饼皮的时候，为了在烘烤时能够均匀地受热膨胀，需要用叉子在整个面皮上戳孔。

基本工具

接下来为大家介绍制作甜点时经常会用到的工具。

打蛋器

制作甜点时的必备工具。刚开始学习的时候，最好选择长度在 25cm 左右的打蛋器。

电动打蛋器

在打发鸡蛋或鲜奶油、制作蛋白霜时，如果有一个电动打蛋器就会方便得多。

抹刀

可以用来涂抹奶油或蛋白霜。在装饰蛋糕时使用，会使做出来的蛋糕更美观。一般使用长 25cm 左右的抹刀的即可。

烘焙重石

烤西式馅饼皮时，为了防止饼皮过度膨胀，需要将重石放在饼皮上。如果没有，也可以用豆子来代替。

包装方法

可保存的甜点除了可以作为日常的茶点和保存食品外，还可以当做礼物或慰问品与他人一起分享。只需在容器和包装方法上稍加用心，就会让这份礼物更加特别。

用布包住保存容器

如需将甜点装在保存容器中带走，可以用手绢或餐巾将容器包住，就像一个小包裹一样。

在可封口的包装袋上贴上贴纸

可封口的包装袋密闭性好，里面的食物不容易受潮。最好选择透明的包装袋。将封口封好后再贴上好看的贴纸。

利用蜡纸来包装

用蜡纸将小点心逐个地包起来。如图所示，把两头拧紧就可以了。蜡纸既不会渗油，设计样式也很丰富，非常适合包装甜点。

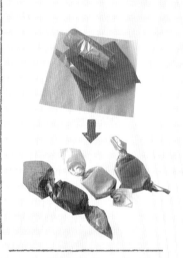

活用蕾丝垫纸

蕾丝垫纸不仅可以垫在蛋糕的下面，也可以将其当作包装纸包裹住容器，给人以精致的好印象。此外，还可以用新鲜的叶子来装饰，增添一份清爽的感觉。

只需用丝带装饰一下，就可以让奶酪或点心的包装盒变身成礼盒

如果装奶酪或点心的盒子很漂亮，吃完后我们可以将空盒留下来。如图所示，用丝带装饰一下，进口食品的包装盒就变身成了既复古又可爱的礼盒。

在装饼干的盒子里垫上缓冲材料

像饼干这种在搬运的过程中很容易碎掉的甜点，需要在盒子或箱子下面垫上碎纸丝等缓冲材料。

灵活运用礼品盒或礼品袋

市场上有很多不同设计风格的礼品盒或礼品袋可供选择，比如可以看到里面东西的半透明礼盒等，尺寸也应有尽有。在百元（日元）店里很便宜就能买到。

可以用彩线、系绳、缎带、贴纸、胶带等来突出重点。

将蛋糕或西式馅饼放到盒子里搬运

将礼盒的盖子放在下面（当盒底），这样移动的时候就比较不容易损坏。下面需要铺上蕾丝垫纸或餐巾纸。

准备一些纸袋或布袋

如果是体积比较小的甜点，可以将其装入纸袋、布袋或篮筐里，这样既可以增加礼物的存在感，又显得很可爱。

在礼品中加入食品干燥剂

加入食品干燥剂既可以保持甜点的美味，也可以显示出送礼人的用心，这样收到礼物的人也会很欣慰。

常用保存容器推荐

使甜点或可保存的食品可以长时间保持刚做出来时的美味口感，是我们选择保存容器的重要标准。在保存本书中所介绍的甜点时，只要选对了保存容器（材质和大小），不仅可以达到上述保存效果，还可以将其活用为烘焙模具。只需一个保存容器就能完成"制作""保存"的步骤，甚至可以直接摆在餐桌上。下面就让我们开始寻找合适的保存容器吧。

玻璃罐

用玻璃罐存放食物时，既可以看到里面的食物，又不会沾到外面的气味。它适合用来保存果酱、糖煮甜食或梅子酒等液体或汤汁较多的食物。由于玻璃罐的密闭性较好，所以最适合用来储存格兰诺拉麦片或饼干等怕潮的食物。只要仔细煮沸消毒，也非常适合用来长期保存食物。从市场上买回的果酱吃完后，剩下的空罐子也可以用来存放食物。

玻璃器皿

用玻璃器皿存放食物时可以清楚看到里面食物的状态，也不容易串味。大部分玻璃器皿都可用于微波加热，深口和浅口的带盖器皿最适于用来存放糖煮甜食、腌制水果，以及冷却后会凝固的冷甜点。放入冰箱冷藏时，一眼就能看清器皿里的食物。

搪瓷器皿

搪瓷器皿既可以用来冷藏，也可以用于烘烤，还可以直接放在火上加热，有很高的利用价值。制作巴伐利亚奶油布丁和蛋糕时，可以直接用作烘焙模具，做好后也可以直接封盖保存。搪瓷器皿设计比较简洁，既适合存放西式糕点，也适合存放日式糕点，就算直接摆在餐桌上也毫不逊色。提前备好各种尺寸的搪瓷器皿，做甜点时就方便多了。但是需要注意的是，搪瓷器皿比较容易被刮花，也不能用微波加热。

不锈钢容器

用不锈钢容器来装食物不容易串色、串味，此外，容器也结实、耐脏且不易生锈。不锈钢的导热性很好，将容器放入冰箱的冷藏或冷冻库里，里面的食物很快就会冷却。所以非常适合用来制作需要冷却凝固的冰激凌、果子露等冷甜点。但是需要注意的是，装入较热的食物时容器很容易变得过烫，食物冷却下来需要花费较长的时间。不锈钢容器不能用于微波加热。

塑料容器

带盖的塑料容器

塑料容器价格适中，样子和大小也应有尽有，是我们生活中比较常见的容器。既轻巧，密闭性又好的塑料容器是厨房的必备品。为了防止油炸类糕点或使用黄油的甜点渗油，需要将餐巾纸铺在容器底部。此外，还需要注意不要让容器里之前装的食物的颜色或气味串到甜点上。

保鲜盒

保鲜盒的样式和尺寸丰富多样，价格适中，轻巧且可以重叠收纳。它既可以冷藏，也可以带盖进行微波加热。不漏汤汁密闭性较好的或带有刻度的保鲜盒，使用起来会更加便利，所以购买时请仔细阅读包装上的说明。直接把甜点装到保鲜盒里当作小礼物送给别人也非常方便。

可封口的食品袋

可以将甜点装入食品袋中，放到冰箱或橱柜的任何地方保存。可封口食品袋的密闭性很好，放入食品干燥剂后，可以用来存放比较容易受潮的甜点。如果需要用它长时间保存汤汁较多的食物，为了防止汤汁渗出来，可以将两个食品袋套在一起，再放到盘子里保存。

使用设计独特的容器和空罐凸显可爱的氛围

生活中可以看到很多像民间手工器皿或空饼干罐等拥有可爱外观的容器。作为室内陈设品摆放在橱柜上的器皿或收到的礼物盒子等都可以用来当容器。此外，需要注意的是，不要将汁水较多的食物存放到空罐里，存放烤制点心时最好同时放入食品干燥剂。总之，根据具体材质和密闭性的不同来选择使用。

玻璃蛋糕罩

可以罩住整个蛋糕的圆顶形容器，大部分都是玻璃材质的。蛋糕罩可以防止蛋糕的表面变干。由于蛋糕罩很难放进冰箱里，密闭性也很差，所以不适合用于长期保存，但短时间放置还是很便利的。玻璃罩的外观也很可爱，很适合用来招待客人。

制作方法索引

按甜点类别索引

图书在版编目（CIP）数据

每日甜点 / 日本主妇之友社编著；马金娥译. --
北京：中国民族摄影艺术出版社，2018.4
  ISBN 978-7-5122-1092-9

  Ⅰ.①每… Ⅱ.①日… ②马… Ⅲ.①甜食 – 制作
Ⅳ.①TS972.134

中国版本图书馆CIP数据核字(2018)第029113号

本书由日本株式会社主妇之友社授权北京书中缘图书有限公司出品并由中国民族摄影艺术
出版社在中国范围内独家出版本书中文简体字版本。
著作权合同登记号：01-2017-8115

策划制作：北京书锦缘咨询有限公司（www.booklink.com.cn）
总 策 划：陈 庆
策 　 划：李 伟
设计制作：王 青

书 　 名：每日甜点
作 　 者：日本主妇之友社
译 　 者：马金娥
责 　 编：董 良
出 　 版：中国民族摄影艺术出版社
地 　 址：北京东城区和平里北街14号（100013）
发 　 行：010-64211754 84250639 64906396
印 　 刷：北京瑞禾彩色印刷有限公司
开 　 本：1/16　170mm×240mm
印 　 张：8
字 　 数：100千字
版 　 次：2018年4月第1版第1次印刷
ISBN 978-7-5122-1092-9
定 　 价：46.00元